二战德国末日战机丛书

梦幻飞翼
Ho 229

喷气式飞翼机全史

蒙创波　著

WUHAN UNIVERSITY PRESS
武汉大学出版社

图书在版编目(CIP)数据

梦幻飞翼:Ho 229 喷气式飞翼机全史/蒙创波著.—武汉:武汉大学出版社,2024.6
二战德国末日战机丛书
ISBN 978-7-307-23726-1

Ⅰ.梦… Ⅱ.蒙… Ⅲ.第二次世界大战—军用飞机—喷气式飞机—历史—德国 Ⅳ.E926.3-095.16

中国国家版本馆 CIP 数据核字(2023)第 069645 号

责任编辑:蒋培卓　　　责任校对:李孟潇　　　版式设计:马　佳

出版发行:**武汉大学出版社**　　(430072　武昌　珞珈山)
（电子邮箱:cbs22@whu.edu.cn　网址:www.wdp.com.cn）
印刷:武汉中科兴业印务有限公司
开本:787×1092　1/16　印张:11.25　字数:279 千字　插页:2
版次:2024 年 6 月第 1 版　　2024 年 6 月第 1 次印刷
ISBN 978-7-307-23726-1　　定价:56.00 元

目　录

引　子

1945 年 5 月 10 日，德国奥格斯堡，被俘的德国空军最高指挥官、帝国元帅赫尔曼·戈林在重重监控之下接受美军指挥官的审讯。

希特勒梦想中的"千年帝国"已经在 48 小时之前向盟军无条件投降，戈林麾下曾经横扫欧陆的德国空军也一并灰飞烟灭。这位权倾一时的纳粹德国二号人物失去了往日的神采，他穿着一身笔挺的制服，但胸前琳琅满目的勋章都被摘下。美方人员开始发问，戈林则竭力以友好的姿态一一回答。以最高指挥官的视角，德国空军的秘密一点点地展现在世人面前。

当被问到"如果再让你把德国空军重新设计一遍，哪一架飞机你想首先生产出来"的时候，戈林的语气中透出一丝自豪的意味：

喷气式战斗机和喷气式轰炸机。速度的难关已经被攻克了，剩下的问题只是燃料而已……我要在这里强调的是，以我的观点，未来的飞机是没有机身的……

听到这里，在场美方人员不由得面面相觑，以 20 世纪 40 年代的技术水平，实在难以理解"没有机身"的战机是个什么样的概念。

他们不知道的是：此时此刻几百公里外的一个昏暗的机库中，美国技术人员正在竭力研究一整套刚刚缴获的德国飞机部件，将其组装完成之后，一架前所未有的奇幻飞行器将展现在世人面前。它的整体外形完全就是一副巨大的机翼，向后掠起呈展翅欲飞之势。整架飞机造型优雅、线条流畅、气质超凡脱俗，几乎就是科幻作品中描绘的外星造物。

那就是戈林所说的"未来的飞机"、德国空军最后的激情和狂想、理念远超时代的喷气式飞翼战机——Ho 229。

而 Ho 229 的故事，要从它的缔造者——霍顿兄弟说起。

第一篇　梦想与探寻

霍顿兄弟的成长

1910 年，德国波恩（Bonn）市的富人区维纳斯堡大街（Venusbergweg），门牌为 12 号的一栋大型宅院中，马克斯·霍顿（Max Horten）和夫人伊丽莎白（Elizabeth）结为伉俪。以德意志第二帝国的标准，这是一个朱门绣户的富贵之家。马克斯·霍顿的父亲是政府高官，家族人丁兴旺——例如现在德国排名第四的百货连锁店品牌霍顿股份有限公司（Horten AG）便由其中的一支掌控。马克斯·霍顿的母亲一系在上百年的时间里掌控着德国各地的大量铅矿甚至私人铁路，滚滚而来的巨额财富使这个家族在各个大城市中坐拥数不清的豪华宅邸，包括波恩市这栋三层楼高、拥有 12 个大房间的宅院。

波恩市维纳斯堡大街 12 号的霍顿家宅院。

至于马克斯·霍顿，他是一名典型的德国高级知识分子，拥有哲学、文学和语言学三个博士学位，在波恩大学任教授。他对近东地区的文化、语言和民族很感兴趣，并累计出版了大约 30 本有关阿拉伯人和波斯湾地区的著作。他与伊

马克斯·霍顿和伊丽莎白·霍顿夫妇。

丽莎白结婚过后，很快育出四个子女：长子沃尔夫拉姆（Wolfram，1912 年 3 月 3 日出生）、次子瓦尔特（Walter，1913 年 11 月 13 日出生）、小儿子雷玛尔（Reimar，1915 年 3 月 12 日出生）和小女儿古尼尔德（Gunilde，1921 年 1 月 21 日出生）。

事实证明一点：马克斯·霍顿并不善于理财。他通过英国银行向墨西哥的企业投资，并在第一次世界大战中买下大量德国政府发行的国债——这一切随着德国的战败全部化为乌有。不过，凭着马克斯·霍顿在大学中的丰厚薪水，霍顿一家依然能在波恩市内的那所大宅院中继续衣食无忧地生活。

作为一家之主，马克斯·霍顿以哲学家的宽广胸怀引导子女构建自己的世界观，例如，他一直鼓励孩子们"体会自然的力量，尤其是天气和风向，以此来感受自然和哲学的联系"。

霍顿家三兄弟的童年合影，从左到右分别是沃尔夫拉姆、瓦尔特、雷玛尔。

在人类航空时代的初期，霍顿家的孩子们从小就对天空中隆隆作响的飞行器充满狂热的兴趣。为此，爸爸妈妈买回来一整套制作飞机模型的工具，让孩子们度过了一个充满欢乐和幻想的童年。在少年时代，霍顿家的四个孩子都渴望着有朝一日驾驶着飞机在天空之中自由翱翔——就连小妹妹古尼尔德也不例外。

在第一次世界大战后的和平岁月中，霍顿家的孩子们逐渐成长起来。由于德国在战争中落败，随之而来的《凡尔赛和约》极大制约了德国的航空工业发展。不过，滑翔机和轻型民用飞机的研究和发展没有受到《凡尔赛和约》的限制。因而，大批满怀抱负的航空技术人员和飞行员组成各种类型的滑翔机团体，以航空运动的名目作为掩护在德国境内继续航空科研工作。

1919 年，被誉为"空气动力学之父"的路德维希·普朗特（Ludwig Prandtl）教授在哥廷根（Göttingen）创办空气动力研究所（Aerodynamische Versuchsanstalt，缩写 AVA），该机构的研究成果将在未来对德国乃至整个世界的航空工业产生巨大的推动作用。

德国"空气动力学之父"路德维希·普朗特，对未来的德国乃至整个世界的航空工业影响重大。

短短几年时间内，德国境内掀起了一场滑翔机运动的小小风潮。随着各种竞赛项目遍地开花。在大环境的推波助澜下，波恩城内的航空爱好者组成各种团体，定期举办各种科普和兴趣活动。

1927 年的一天，一架克里姆飞机有限责任公司（Klemm-Flugzeugbau GmbH）生产的克里姆 L 25 轻型飞机降落在波恩机场，为这个城市进行一次航空表演。驾驶舱内，年仅 29 岁的飞行员弗里茨·戈斯劳（Fritz Gosslau）也是一名杰出的工程师，在未来十年中，他将参与梅塞施密特股份有限公司（Messerschmitt AG）的 Bf 108、Bf 109、Bf 110 等一系列著名战机项目，并成为著名的"复仇武器" V-1 巡航导弹的总设计师。在 1927 年的波恩机场，戈斯劳驾驶着 L 25 型飞机直上 3000 米高空，上下翻飞，完成了一场精彩绝伦的飞行展示，令在场的波恩市民惊叹不已——其中也包括霍顿家的男孩子们。

当天晚上，戈斯劳在波恩市的俱乐部举办了一次航空主题演讲。在台上，戈斯劳绘声绘

克里姆 L 25 轻型飞机，它的飞行表演改变了霍顿兄弟的人生轨迹。

色地再现飞行的奇妙感受，令台下的年轻航空爱好者们无比神往。戈斯劳向观众们透露了一件事情：克里姆公司的大老板汉斯·克里姆（Hanns Klemm）说自己的儿子想要一架新飞机，因而委托他专门设计一架。戈斯劳故作神秘地描述道："我问您的儿子多大了？——12岁。"

12岁！和自己一样的12岁！这一刻，台下的小弟弟雷玛尔内心升腾起一把熊熊的烈火：他也想拥有一架飞机——自己亲手设计的、最棒的飞机！从此，雷玛尔立下自己人生的志向：和弗里茨·戈斯劳一样成为一名杰出的飞行员和飞机设计师。

这一年中，沃尔夫拉姆、瓦尔特和雷玛尔加入波恩市的下莱茵飞行俱乐部（Lower Rhine Flying Club），每周花两个晚上的时间学习滑翔机的制造和飞行。

这一阶段，波恩市的官方机构成立了一个年轻飞行员航空课程培训班，其组织者是经验丰富的航空业者——容克斯飞机与发动机公司（Junkers Flugzeug und Motorenwerke）的前设计师、负责风洞试验工作的弗朗茨·威廉·施密茨

（Franz Wilhelm Schmitz）。这个机构专门针对年轻的航空爱好者提供航模以及飞机制造的技术科普，霍顿家的男孩子们又找到了新的组织，加入培训班中如饥似渴地学习各种相关的基础知识，包括空气动力学、飞机构造、推进系统原理等。

同样在1927年，杜塞尔多夫（Dusseldorf）举办了一个包罗万象的博览会，邀请波恩市的下莱茵飞行俱乐部参加。为了这次博览会，沃尔夫拉姆和瓦尔特负责制造橡筋动力的螺旋桨航模飞机，而年纪最小的雷玛尔负责制造无动力的航模滑翔机。这是雷玛尔第一次独立设计制造航模，没有其他人的指导，完全依靠自己的直觉。他在一大块胶合板上切割出机翼的上下表面，再用香烟盒剪出翼肋的造型，最后用胶水把翼展1.8米的机翼粘合起来。

博览会开幕时，形形色色的航模飞机被送到杜塞尔多夫。在这之中，雷玛尔制造的航模滑翔机显得尤为幼稚，几乎就是小孩子过家家的玩具。博览会负责人一度考虑把这架滑翔机撤下，幸好这时候培训班教师弗朗茨·威廉·

施密茨出现在会场。以容克斯公司前设计师的身份，施密茨自信地告诉博览会负责人：雷玛尔设计的这架飞机会比其他参展的航模滑翔机都要出色。

结果，在博览会的飞行表演中，雷玛尔的航模滑翔机一口气飞出 270 米，令其他参赛选手望尘莫及，无可争议地赢得第一名的奖金！这次获胜给予雷玛尔无比的信心，他笃信自己身怀飞机设计的过人天赋，这个信念激励着他在未来的几十年中展开永不停歇的探索。

杜塞尔多夫博览会过后，霍顿兄弟迅速成长为波恩航模界颇有名气的能手。多年以后，雷玛尔回忆起这段时间的成长经历时表示：

我可以观察大孩子们是怎样制造他们的航模和滑翔机的。随着年龄的增长，我越来越熟悉木匠活，可以动手制造我自己的航模了。我甚至还有过帮助成年人修理配备发动机的双翼飞机的经历，这样一来，我就知道了动力飞机是怎样制造出来的，即便它们是双翼机。我知道了机翼是怎样用翼梁和翼肋搭建起来的、机身怎样和起落架结合起来的。我知道了木头是怎样用来制造双翼机的，布料是怎样蒙上去的，木料是怎样切开，五金件是怎样安装的，等等诸如此类的这些。所以在很小的年纪，我就对飞机的制造有了相当的了解。

在 1927 年年底之前，14 岁的瓦尔特和 12 岁的雷玛尔先后驾驶滑翔机升空飞行，成为下莱茵飞行俱乐部最年轻的滑翔机飞行员。

随着时间的推移，培训班教师施密茨和霍顿兄弟结为忘年之交，他经常到霍顿家做客，在客厅弹奏钢琴，而霍顿妈妈在一旁引吭高歌。平日里，施密茨时常和霍顿兄弟们交流在容克斯公司工作时的点点滴滴。这个德国航空界的

领军企业由航空先驱、德高望重的工程师和发明家胡戈·容克斯（Hugo Junkers）创办。作为公司的灵魂，容克斯先后主导了全世界第一架全金属飞机容克斯 J1、第一架全金属客机容克斯 F13、巨型客机容克斯 G38 和著名运输机容克斯 Ju 52 的研发。

德国航空先驱胡戈·容克斯签名照。

终其一生，容克斯对一种非常规布局的飞机——飞翼机持有狂热的激情。按照常规，一架普通的飞机安装有机翼、水平尾翼和垂直尾翼。不过，完美主义的飞机设计师们一直在竭力将水平尾翼和垂直尾翼去除，使飞机和鸟儿一样仅凭一双翅膀便能在天空自由翱翔。

如果将水平尾翼去除，普通飞机便成为无尾飞机，具备气动阻力小、结构重量轻等诸多优点。如果进一步去除垂直尾翼、将机身和机翼完全融合，无尾飞机将演化为更为纯粹的飞翼机，以航向稳定性为代价将无尾布局的优点发挥至极致。早在 1910 年，容克斯便构想出机翼和机身融为一体的飞翼机设计，他打算将所有设备部件安置在机翼之内，以达到减少阻力的效果。容克斯将这个新理念定名为"翼展载机（Spanloader）"，并为此申请了编号为 Nr. 253788 的专利。此后，容克斯一直致力于研发飞翼布局的客机，以求达到最理想的运作效率。

施密茨深受容克斯的感染，并将其理念传承至德国的下一代，他告诉霍顿家的年轻人："飞翼机便是飞行器的未来。"这句话犹如启示录

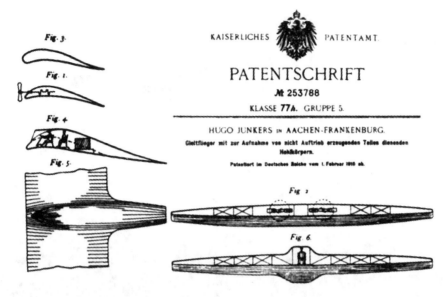

胡戈·容克斯的"翼展载机"专利示意图。

一般,为年轻的雷玛尔和瓦尔特指出毕生的志向——飞翼机研发。从最基础的航模制作开始,他们尝试逐步削减航模滑翔机的垂直尾翼,最终目标是制造出真正的飞翼机。

雷玛尔跟着哥哥瓦尔特经常夜以继日地制造飞机模型,这毫无疑问地对他的学业造成不可忽视的影响。在 14 岁上中学的时候,雷玛尔由于通宵制作模型而在课堂上瞌睡连连,成为班级的问题少年。这个阶段,雷玛尔最喜欢的

1929 年,正在试飞飞翼滑翔机航模的瓦尔特。

科目是物理,轻而易举就拿到了班级第一的名次,但物理老师对于雷玛尔在课堂上肆无忌惮的睡觉感到极为恼火,认为这是对教师权威性的公然冒犯,因而他在学年结束给雷玛尔评了一个不及格。除此之外,雷玛尔由于对英语没有兴趣,这门课程没有用功,因而也拿了一个不及格。最后,两门功课的糟糕成绩使得雷玛尔留了一级。

这一事件对于年轻的雷玛尔来说打击相当沉重,幸好霍顿爸爸及时地给小儿子悉心的指引。他深入浅出地解释科学知识的强大,指出如果雷玛尔想要投身于自己热爱的航空事业,他必须掌握足够多的基础知识。在父亲的引导下,雷玛尔在理想和学业之间找到了一个平衡点,他对数学和物理的兴趣与日俱增,很快成为班上的优等生。

1929 年,沃尔夫拉姆中学毕业后成为一名环游世界的海员。而从这一年到 1934 年,霍顿爸爸前往布雷斯劳(Bresslau)的大学任教。因而夫妇两人把小女儿古尼尔德带在身边照顾,长

伦山滑翔机大赛的盛况。

期离家数百公里。这样一来,波恩的大宅便成为瓦尔特和雷玛尔的乐园,两兄弟可以随心所欲地制造各种航模。

这一阶段,霍顿兄弟将目光投向了一年一度的伦山(Rhön)滑翔机大赛。对于整个德国的航空爱好者来说,这是不可错过的盛大集会。在每年夏天,气候炎热、上升气流强烈的时节,滑翔机爱好者们都会带上自己的航模或者滑翔机齐聚波恩东南 200 公里之外的伦山山区。这里的最高点——瓦瑟峰(Wasserkuppe)便是伦山滑翔机大赛的场地,各参赛选手借助绵延悠长的斜坡地形放飞自己的航模或者滑翔机,场面热闹非凡。

1930 年至 1932 年,瓦尔特和雷玛尔连续参加了三届伦山滑翔机大赛,逐步尝试飞翼滑翔机航模的设计。结果,接连三年,霍顿兄弟均力拔头筹,夺得相应组别的优胜奖杯。

1931 年,大哥沃尔夫拉姆和没有垂直尾翼的 B-13b 号滑翔机航模。

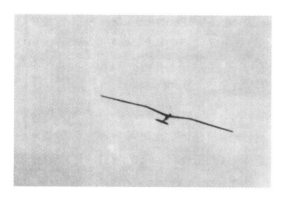

飞行中的 B-13b 号机。

德国航空先驱亚历山大·利皮施，霍顿兄弟的航空英雄和精神导师。

赢得伦山竞赛三连冠之后，霍顿兄弟对滑翔机航模失去了兴趣。因为瓦尔特和雷玛尔已经先后考取了驾驶滑翔机的飞行员资格证书，两兄弟的下一步计划是制造真正的飞机——能承载着自己在天空中自由翱翔的飞翼滑翔机！

雷玛尔在 14 岁时便考取了驾驶滑翔机的飞行员资格证书。

当时的德国航空业界，亚历山大·利皮施（Alexander Lippisch）堪称无尾机/飞翼机领域的领军人物。早在 1921 年——也就是雷玛尔只有六岁的时候——利皮施已经造出自己第一架无尾后掠翼滑翔机 E2。1929 年，利皮施的"鹳 V"无尾飞机依靠 8 马力发动机和推进式螺旋桨首次成功实现动力飞行，引发巨大反响。在年轻的

1931 年，利皮施的"三角 I"动力滑翔机在柏林进行飞行演出。

霍顿兄弟心目中，利皮施便是他们的航空英雄和精神导师。

到 1932 年，利皮施的最新成果是"三角（Delta）I"——一架无尾式动力滑翔机，采用三角翼设计，配备一台 30 马力发动机驱动推进式螺旋桨。就当时的技术水平，利皮施的设计相当前卫，以至于很长一段时间内无法得到业界的认同。不过，霍顿兄弟却认为利皮施的步伐依然太小，他们要迈开更激进的一步：彻底取消垂直尾翼，制造出完美的飞翼滑翔机。1932 年 12 月，霍顿兄弟开始热烈讨论如何制造未来的这架滑翔机。和航模相比，制造滑翔机的难度和成本均大大提升，雷玛尔也很难在不耽误学业的前提下抽出足够的课余时间来启动这项庞大的工程，因而滑翔机的制作迟迟未能开始。

H I "坡风" 的诞生

机会很快到来。1933 年 1 月 30 日,希特勒攫取德国政权之后,很快在全国范围之内掀起一场运动,目的是调查所有教师的血统,将犹太人完全驱逐出德国的校园以保证教育的"纯正"。结果,雷玛尔的学校迅速陷入停课状态,时间长达两个月。利用这个难得的假期,两兄弟正式开始制造自己第一架全尺寸飞翼滑翔机——H I。两兄弟商定,由雷玛尔担任主要的设计工作,瓦尔特则在所有方面加以配合,例如共同绘制图纸、制造翼梁和翼肋等各种零部件等。

在波恩的家中,霍顿兄弟开始 H I 的图纸绘制和零部件制造。整体而言,H I 滑翔机相当于

放大版的霍顿兄弟航模。飞机为三角翼布局,在设计阶段很自然地深受利皮施的"三角"系列无尾三角翼试验机影响:机翼前缘后掠、后缘平直,其垂直投影大致相当于一个等腰三角形。H I 的机翼上表面整体平齐,从翼尖朝向机身方向的厚度逐渐增加,相对厚度为 20%。在正中央位置,机翼自然地与机身结合在一起,其设计的最大优点是减少相关的附加阻力。由于取消垂直尾翼,H I 本质上是一架纯粹的飞翼机,通体线条平滑流畅,只有一个气泡状座舱盖从机翼上表面凸起。以 20 世纪 30 年代的标准,H I 号的造型极其前卫,堪称前无古人、远远超过同时代所有飞机,即便放在 90 年后的今天亦

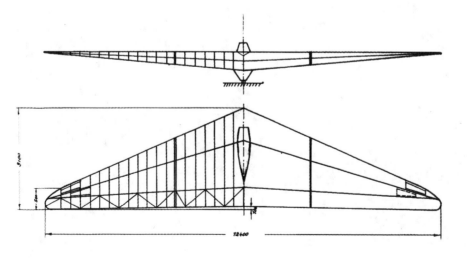
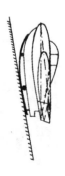

H I 号机三面图。

不遑多让。

根据雷玛尔的规划，整架 H I 号机的翼展 12 米，内部分为三段分批制作：各长 4.2 米的左右两副外翼段以及机身中段结构。在这之中，机身中段结构的设计最为关键，被称为龙骨的机身下部主框架上方安置飞行员座舱，下方则安装有橡胶包裹的滑橇。飞机框架完全由木材制成，机头部分覆盖有一层胶合薄板，飞机的其他部分由亚麻布蒙皮覆盖。机翼后缘，常规的副翼和襟翼占据几乎全部的长度。驾驶舱之内，飞行员通过控制索和连杆操纵机翼上的控制面。在靠近翼尖的位置，雷玛尔安装有一对阻力舵，用以替代传统的垂直尾翼/方向舵。飞行员通过踏板控制阻力舵，当左右两副踏板同时踩下时，阻力舵便起到扰流板的作用——该特性将延续到霍顿兄弟所有的后续飞机设计中。

图纸完成后，霍顿兄弟便在家里开始 H I 的制造。波恩的大宅共有 12 个房间，分三层。瓦尔特和雷玛尔决定避开一楼，因为这是全家起居和待客的空间，因而他们选择了二楼和三楼作为造飞机的车间。为了挡住锯末粉尘，霍顿兄弟用床单把各个房间的门口遮挡得严严实实，方才启动这个雄心勃勃的项目。

"霍顿家的大孩子要造飞机了！"消息传出后，左邻右舍的孩子们极为好奇地赶来围观。瓦尔特和雷玛尔干脆给他们安排各种零零碎碎的杂活，协助自己的工作。虽然没有一芬尼报酬，但能够自己动手造"真飞机"，小朋友们一个个乐此不疲。

整架飞机的制造过程，核心人员其实是雷玛尔，因为瓦尔特会时不时抛下工作，出门去和女朋友约会，这时候，只有弟弟在为 H I 号机

正在霍顿家房间内制造的 H I 号机，注意墙上挂着的照片，室内已经是一片狼藉。

孤军奋战。多年以后回忆起这段经历时，雷玛尔本人显得颇为哭笑不得：

> 瓦尔特帮助我计算机翼的升力分布，不过他在女孩子们的身上花了更多的时间，他不像我一样全身心地投入工作当中。有时候我很生气，他不肯帮我，而是和那些女孩子们泡在一起。有很多时候，瓦尔特出门和女孩子约会，只剩下我一个人在忙活……

和哥哥相比，雷玛尔是一位极度狂热的航空爱好者，把个人所有业余时间全部用在飞翼机研究和设计之上。在日后的访谈录中，他丝毫没有掩饰自己和瓦尔特的不同：

> 我心无旁骛地造飞机。我的一整天时间，要么是在学校里，要么就是在造飞机。举个例子，你在粘合木料的时候，需要花上很长的一段时间。所以我把翼梁和翼肋攒起来，每隔几天就把自己关起来做一次粘合。在这之外，我每天都花时间推算理论性的问题和做飞行试验。所以，我的时间就是花在上学、粘合和思考上的。我根本没有时间和女孩子约会。实际上我不约会、不参加舞会或者学校活动。我宁可自己琢磨机翼的剖面，而不是和女孩子们聊天……

在这一阶段，大哥沃尔夫拉姆定期从海外回到家中，他看到弟弟热火朝天造飞机的劲头，不由得深受感染，主动承担起最消耗体力的木匠活。

ＨＩ号机需要消耗大量优质的航模型材，其材料成本高达1000帝国马克，相当于蓝领工人10个月的工资。其中，瓦尔特和雷玛尔两个人从父母给的零花钱中省出320马克的份额，其余费用全部由沃尔夫拉姆慷慨解囊。实际上，

如果没有沃尔夫拉姆的支持，发育中的雷玛尔可能要出现营养不良的症状——他经常把自己的晚餐经费节省下来购买材料，最后饿着肚子上床睡觉！

建造中的ＨＩ号机左侧副翼部分，竖起的部分并非垂直安定面，而是副翼的操纵片。

建造中的ＨＩ号机左侧部分，可见其机身下部轮廓。

随着时间的推移，ＨＩ号机的翼梁和翼肋在顶楼的卧室之内一点点地成形，随后拼装成两副外翼段。飞机的总装则在二楼进行。这个楼

层内，中部的房间有两扇对开的房门，霍顿兄弟把房门连带门玻璃一起拆下之后，获得了足够宽敞的空间用以组装飞机。

整架飞机完工后，霍顿兄弟决定将其拆散为三部分，由卡车运输到离家 7 公里的汉格拉尔（Hangelar）机场进行组装和试飞。为此，雷玛尔联系汉格拉尔机场借到一辆卡车，约定在凌晨五点到家里装运 H I 号机，以避免遭遇早晨上班的交通堵塞。霍顿兄弟计划将机翼、机身中段结构从楼上的阳台门吊放到下方的花园中，再托举着越过花园围墙，传到围墙外等待着的卡车上。

不过，霍顿兄弟遇上了麻烦——阳台门尺寸不够，机身中段结构被卡在房间里面无法挪动。瓦尔特仔细研究阳台门，发现隔着一个门柱就是旁边的窗户，于是想到这个门柱也许可以拆下，让机身中段机构通过。瓦尔特拆除掉

门柱外的木制装饰面，惊讶地发现它的核心是一根支撑着上下结构的金属柱，直径足有 15 厘米。瓦尔特找来一把钢锯，把金属柱的下方连根锯断，再试图把它扳到一旁让出空间。结果，金属柱纹丝不动。瓦尔特一不做二不休，把金属柱的顶部锯断，将其彻底挪走。机身中段结构迅速运出阳台门搬上卡车，瓦尔特再设法将金属柱原封不动地装回，再包上原先的木质装饰面。最后，在一系列的破坏性工作之后，H I 号机离开了霍顿家大宅，运抵汉格拉尔机场。

在宽敞的机库中，霍顿兄弟将飞机装配完毕，再定制一块巨型帆布将其盖上。小巧的 H I 号机拥有了自己的一席之地，等待着夏季的热风吹起，试飞的时节到来。

4 月 1 日，瓦尔特高中毕业，加入了戈斯拉尔（Goslar）的第 17 步兵团第 3 营，他的营长正是艾尔温·隆美尔（Erwin Rommel）少校——日

Bonn-Hangelar 机场机库中的 H I 号机。

后大名鼎鼎的"沙漠之狐"。不过，为了发挥自己的特长，同时帮助弟弟的HＩ试飞，瓦尔特几乎是刚刚入伍便自愿参加飞行培训课程。很快，瓦尔特获得驾驶民用动力飞机的资格证书，成为一名真正的飞行员。

5月中旬的一个周末，雷玛尔和朋友们来到汉格拉尔机场，开始HＩ的试飞。在初始阶段，这架无动力滑翔机的升空方式是借助弹力索，其本质上类似于航模使用橡筋弹射起飞。弹力索的一段固定在机场跑道上，雷玛尔将另一端挂在HＩ的机头挂钩上，坐进驾驶舱中，指挥他的朋友在左右两侧机翼前缘就位，推动飞机向后、绷紧弹力索。雷玛尔计划先不弹射升空，而是在跑道上进行高速滑行测试来积累经验，因而他命令左右两侧机翼各安排6个人。然而，在场的年轻人们被高涨的热情所激励，争先恐后地向HＩ围拢过来，结果左右两侧机翼聚集了16个人绷紧弹力索。

前来帮助的朋友们。

HＩ号机在波恩-汉格拉尔机场弹射起飞的一瞬间。

只见所有人齐心协力地推动机翼，ＨⅠ号机逐渐向后平移，机头上系留的弹力索越绷越紧。雷玛尔一声令下，众人松手俯身，滑翔机被弹力索牵引着向前加速滑行，转眼之间便达到了起飞速度，从跑道上一跃而起。

等雷玛尔回过神来，他已经驾驶着亲手设计制造的滑翔机飞上了天空——弗里茨·戈斯劳的波恩俱乐部演讲仅仅过去了 6 年时间，中学生雷玛尔终于造出了自己的飞机——世界上第一架纯飞翼滑翔机！

飞行中的ＨⅠ号机，正在进行左转弯。

当时，飞行高度只有 2 米，雷玛尔可以看到他的小伙伴们在下方左右两侧跟随着飞机，他们一边奔跑、一边欢呼雀跃。雷玛尔平复了一下激动的心情，控制飞机准备着陆。在ＨⅠ号机即将接地的时候，雷玛尔向后稍稍拉动操纵杆，意在拉起机头，以一个较为柔和的角度降落。然而出乎意料的是，滑翔机反倒机头一沉，重重地砸在跑道上来了个硬着陆。雷玛尔结束了自己的首次试飞，以极为复杂的心情爬出驾驶舱。

经过检查，雷玛尔极为尴尬地发现操纵杆的方向装反了，因而ＨⅠ号机的俯仰操控与普通飞机完全相反。在多次试验之后，雷玛尔熟悉了这架滑翔机独特的操控特性。在朋友的协助下，他驾驶ＨⅠ号机扶摇直上，直飞 500 米高

空，圆满地结束了这个周末的首飞任务。

之后，每逢周末，雷玛尔都会和朋友们一起来到汉格拉尔机场试飞ＨⅠ号机。整套试飞进程相当谨慎，这对研究飞翼机异乎寻常的稳定性和操控特性而言是必不可少的。

波恩-汉格拉尔机场上空正在飞行中的ＨⅠ号机。

和它的造型一样，ＨⅠ的飞行品质表现得特立独行。只要升降舵稍稍偏转，飞机的纵向平衡即被改变。副翼的横向控制效用不明显，在增加副翼尺寸和行程之后方有改观。按照雷玛尔的设想，阻力舵能够同时产生偏转和滚转，以至于无需副翼便能控制飞机转向。不过，由于方向稳定性不足，ＨⅠ开始转向之后便会一直保持下去，除非飞行员往另外一个方向蹬舵加以回转。在最开始的设计中，机翼前缘正下方安装有一副单片阻力舵，但该部件运作时造成机头向下的俯仰力矩。随后，机翼正上方也加设阻力舵，结果方向控制系统必须加装弹簧以减少过度的空气制动作用。

这个阶段，霍顿爸爸从布雷斯劳的大学返回家中，看到自己的儿子已经制造出一架货真价实的滑翔机时，不禁又惊又喜。他对雷玛尔和瓦尔特进行气动计算、绘制线图、组装飞机的干劲赞赏不已。从此以后，霍顿爸爸继续以

哲学家的角度向兄弟俩解释生活的意义和梦想的价值，鼓励他们深造航空知识，不断前进。HI 的试飞同样令大哥沃尔夫拉姆相当振奋，在雷玛尔的影响下，他开始考虑结束海员生涯、成为一名飞行员的可能性。

随着 HI 试飞的进行，雷玛尔在汉格拉尔的机库中对滑翔机展开相应的调整，飞机的牵引升空方式由弹力索升级到汽车和绞盘。1933 年 9 月，HI 机进入动力飞机牵引起飞的阶段，这时候瓦尔特从军队内赶回协助，表示他的飞行经验更丰富，驾驶 HI 的任务交给他比较适当。雷玛尔对此表示同意，并反复叮嘱瓦尔特注意该机相反的俯仰操控方式。

第一次拖曳升空之前的 HI 号机，雷玛尔（左）和瓦尔特正在讨论。

随后，瓦尔特驾驶着 HI，在牵引机的拖曳下起飞升空。到 1200 米高度时，瓦尔特松开机头挂钩，驾机自由飞行。在体验飞行结束后，HI 号机下降到 50 米高度，飞越汉格拉尔机场空域。瓦尔特准备降落，他忘记了雷玛尔的叮嘱，习惯性地推动操纵杆压低机头，结果 HI 号机的机头高高仰起，迅速进入失速状态，最后重重地落在跑道之上。瓦尔特没有受伤，但 HI 号机需要一番修理方可重新飞行。不过，经过这一次波折之后，瓦尔特再也没有试飞过 HI 号

机，它的飞行员只剩下雷玛尔一人。

在后续的几次试飞中，雷玛尔对 HI 号机的飞行品质愈发熟悉，曾经尝试过留空时间四十分钟的滑翔飞行。不过，进入 1933 年冬天之后，滑翔机的试飞不得不终止——雷玛尔花光了自己手头所有的积蓄，无法承担起租赁动力飞机拖曳升空的费用。

在这个冬天，德国境内的航空理论研究得到重大突破。这一切可以追溯到 20 世纪初，当时哥廷根大学的普朗特教授发现了升力机翼的诱导阻力现象，即由机翼上下表面的压力差异引发的额外阻力。这种压力差导致机翼下表面的气流在翼尖位置绕流至上表面，再与前方的入流耦合形成翼尖涡流。最终，能量受到损失，翼尖部位的升力下降、阻力增大。1918 年，普朗特教授发表了自己的机翼理论，得出确定翼展条件下产生最小诱导阻力的方式，即翼展方向的椭圆升力分布（ELD）。该理论在未来对世界各国的飞行器设计产生深远影响，其应用便是多款经典飞机——例如"喷火"、"雷电"战斗机——的椭圆形翼尖。

在此之后，探索并未停止。1933 年 11 月，普朗特教授发表论文《有关机翼的最小诱导阻力（Über Tragflügel kleinsten induzierten Widerstandes）》，基于实用的原则进一步优化 15 年前的理论。普朗特教授的论文指出，基于同等的结构重量，翼展方向的钟形升力分布比椭圆形升力分布的翼展延长 22%，而诱导阻力减小 11%。

普朗特教授的新理论成果引发其他学者的强烈关注。仅仅一个月之后，亚历山大·利皮施从 1933 年 12 月到 1934 年 2 月在接连三期《飞行运动（Flugsport）》杂志上发表连载文章《定义翼展方向的升力分布（Bestimmung der Auftriebsverteilung längs der Spanneweite）》，旨在保证数据准确的前提下帮助飞机设计师简化机

翼升力分布的计算。在文章的最后，利皮施盛赞普朗特教授的新理论，并以此为基础定义一套基于抛物线公式的简化版"三角形升力分布"设计。通过几何学和空气动力学知识，利皮施向读者们深入浅出地阐述该设计从翼根到翼尖的翼型过渡。

这一阶段，利皮施来到波恩，在航空团体的聚会中发表演讲，阐述这套简化版"三角形升力分布"设计。台下的听众中包括18岁的雷玛尔，不过航空巨擎的理论知识对于这位毛头小伙子来说还是过于艰深。于是，雷玛尔在演讲过后鼓起勇气跟随着利皮施来到他下榻的旅馆，向前辈提出一个要求：借走利皮施的演讲稿回家研习，他承诺第二天原封不动地归还。雷玛尔旺盛的求知欲给利皮施留下极其深刻的印象，后者慷慨大度地答应了这个要求。第二天，雷玛尔将演讲稿还给利皮施，同时抓住机会请教若干依旧没有彻底理解的问题。利皮施稍加点拨，雷玛尔顿有醍醐灌顶之感。通过前辈的指引，雷玛尔逐渐掌握了普朗特教授"钟形升力分布"理论的精髓，对之后的飞翼机设计产生重大的影响。

通过这一件事情，雷玛尔确认自己具备学习航空知识的天赋，从而坚定了自己在航空领域继续探索前行的信心，也由此开始了和利皮施多年的交往。

随后，利皮施前往霍顿家做客。霍顿爸爸陪伴利皮施前往汉格拉尔机库，骄傲地向客人展示了HＩ号机。这架外形极为科幻的滑翔机使利皮施颇为吃惊，他向霍顿爸爸表示，一旦雷玛尔完成大学的学业，他很乐意以导师身份带领雷玛尔在自己的单位——达姆施塔特（Darmstadt）的德国滑翔机研究所（Deutsches Forschungsanstalt für Segelflug，缩写DFS）从事航空研究工作。可以想象，当雷玛尔知道这个消息时内心是何等的欢欣鼓舞：自己的努力终于获得了前辈的认可，一条光明大道已经在前方徐徐展开！

德国滑翔机研究所的风洞设施，雷玛尔梦寐以求的科研圣地。

数个月时间过去，到1934年3月，波恩市这架造型独特的滑翔机引起了国家航空俱乐部（National Aero Club）在当地分支机构的注意，霍顿兄弟随即收到参加六月份在波恩-汉格拉尔举行的飞行集会的邀请。最开始，雷玛尔被要求为HＩ取一个代号。为了表达对前辈的尊敬，他决定以利皮施的绰号"坡风（Hangwind）"命名HＩ号机。

随后，HＩ号机获得"D-Hangwind"的官方编号，在汉格拉尔机场的飞行集会上亮相。在50000名波恩市民面前，雷玛尔驾驶着HＩ号机，在牵引机的拖曳下直飞1000米高度。松开脱钩后，"坡风"干净利落地完成了一系列演示

赢得参加伦山滑翔机大赛资格的 H I 号机，注意机身上已经刷上反万字徽记。

机动，最后平平稳稳地降落在机场跑道之上。波恩市民对这架造型优美的滑翔机赞誉有加，纷纷聚集在 H I 机周围一睹其风采。凭借着飞行集会中的优秀表现，雷玛尔和 H I 号机获得前往瓦瑟峰参加伦山滑翔机大赛的资格。

随后，H I 号机被寄存在汉格拉尔机场的机库内。雷玛尔根据 H I 在飞行集会上的表现，对飞机的控制面进行一番调整，便匆匆赶回学校为高中毕业做准备。

1934 年 7 月 29 日，瓦尔特（左）在将雷玛尔和他的 H I 机拖曳升空之前的抓拍，右侧的 H I 号机机头清晰可见。

1934 年的伦山滑翔机大赛从 7 月 22 日开始，到 8 月 5 日结束，总共持续两个星期。为此，瓦尔特从军队中请假赶回波恩，准备和弟弟一起驾驶 H I 号机参加比赛。然而，雷玛尔的高中一直要到 7 月 29 日方才举行毕业典礼。雷玛尔想提早溜之大吉，带着 H I 号机前往伦山，但校长已经盯上了他，警告说："如果（毕业典礼）那天我看不到你，你就别想毕业。"

7 月 29 日是星期天，早上，作为天主教徒的雷玛尔在教堂中完成了毕业典礼，随后立即骑着摩托带上瓦尔特，火急火燎地赶往汉格拉尔机场。半小时之后，瓦尔特驾驶着租借来的牵引机，拖曳着后方的 H I 号机和雷玛尔直飞伦山山区。

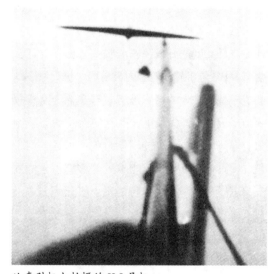

从牵引机上拍摄的 H I 号机。

抵达滑翔机大赛场地后，雷玛尔在200至300米高度松脱了挂钩，驾驶 H I 号机进行几个简单的机动之后降落。这是他调整"坡风"的控制面之后进行的第一次体验飞行。瓦尔特本来计划在降落之后继续拖曳 H I 起飞升空，让雷玛尔尽可能地熟悉这架滑翔机在改装过后的操纵特性，但时间已经到了中午12:00——当天下午的比赛正式开始，霍顿兄弟已经没有更多练习机会。

竞赛场地的跑道之上，雷玛尔爬进 H I 号机驾驶舱，瓦尔特在前方的牵引机之内准备就绪，等待着起飞的号令。忽然之间，机场人员神情紧张地跑了过来，示意霍顿兄弟停止起飞——大雨在即，基于安全原因所有飞机均无法升空。雷玛尔看着从西方飘来的降雨云团，苦苦请求机场方面允许他们向东起飞，不然 H I 号机就失去了在这个周日比赛的机会。然而，这完全无济于事，霍顿兄弟只能把飞机推到机库当中，祈祷着大雨早点过去。

两到三个小时之后，跑道区域的降雨终于停止。霍顿兄弟得到了升空的机会，牵引机拖曳着 H I 号机从跑道上滑跑升空，飞向比赛的起点——瓦瑟峰之巅。不过，航线上的降雨云团仍未散去，严重影响前方视野。为此，瓦尔特决定降低高度避开云团，沿着一条山谷飞往瓦瑟峰。H I 号机驾驶舱之内，雷玛尔极为紧张地看着一棵棵高大的树木被雾气包裹着，从机翼下方一闪而过，头顶上，雨点仍然滴滴答答地敲打着飞翼机流线型的树脂玻璃座舱盖。由于能见度过低，雷玛尔只能看见前方牵引索两到三米长的一段——瓦尔特的牵引机已经完全消失在浓重的雾气之中。

忽然间，雷玛尔眼前一亮，原来牵引机已经把他和 H I 号机拖曳出了云层，瓦瑟峰的连绵山势在眼前一览无余。在1200米高度，雷玛尔

松开飞机的牵引绳，滑翔至竞赛空域。雷玛尔发现空域中有一架"格鲁瑙婴儿（Grunau Baby）"滑翔机，随即驾机一个转弯，绕到对方的旁侧比翼齐飞。雷玛尔估算了一下"格鲁瑙婴儿"的速度和下降率，判断两架飞机的性能大体相当。雷玛尔对自己的作品有了充分的信心，准备驾机着陆。

滑翔机大赛场地中，松开挂钩自由滑翔的 H I 号机。

这时候，雷玛尔发现 H I 号机的速度太快，足有80公里/小时，无法控制其降落在平地之上。他不得不驾机展开一个大大的 S 形转弯，试图尽可能消耗掉飞机的速度。最后，H I 号机承载着雷玛尔极为勉强地重重落在平地之上，滑橇部分的机身结构损坏——在 H I 号机的飞行记录之上，这是它的第二次坠机。

瓦尔特驾驶牵引机在一旁着陆，和弟弟打了声招呼便匆匆离去——他的休假时间已经结束，必须马上搭火车赶回部队。

转眼之间，偌大的伦山滑翔机大赛场地之上只剩下雷玛尔和机体受损的"坡风"。幸好，雷玛尔得到了热心观众的帮助，众人齐心协力地把 H I 号机拖到一个空闲的机库当中。雷玛尔在场地附近的一家旅馆内安顿下来，并前往十

公里外的一个小村庄，找来木匠修好了 H I 号机的滑橇。这一回，大哥沃尔夫拉姆骑着摩托赶到伦山场地帮助雷玛尔。

此时，滑翔机大赛只剩最后几天了。星期五，整个伦山地区风势微弱，星期六又是阴云密布的天气，不适合飞行。到了 8 月 5 日星期天，急不可耐的滑翔机飞行员们终于等到了最后半天的时间，按顺序驾机升空。

在最初 15 分钟的滑翔飞行时，雷玛尔的 H I 号机处在大部队的后方。不过，他非常幸运地遇上了一股强劲的上升热气流，托举着 H I 号机越飞越高、越飞越快。最后，H I 号机超过其他所有滑翔机，越过瓦瑟峰之巅，首先飞抵另一侧山坡上的终点空域。

1934 年的伦山滑翔机大赛，大量滑翔机聚集在一片狭小的空域中，H I 的造型显得卓尔不群。

雷玛尔在平缓绵长的山坡上寻找到一块适合降落的空地，驾机慢慢降落。在着陆之前，

他惊奇地发现山坡之上有成百上千的围观民众潮水一般地向飞机的方向跑来。H I 号机停稳之后，人潮把飞机严严实实地围了个里三层外三层。热心民众帮助雷玛尔爬出驾驶舱之外，这个腼腆的小伙子和他这架线条优美的飞翼滑翔机顿时成为伦山滑翔机大赛场地中的焦点。围观的人群越聚越多，以至于最靠近飞机的民众不得不自发围成一个人体栅栏，以免飞机遭到破坏。

在场的航空爱好者们对 H I 号机赞叹不已，许多好奇心旺盛的飞行员甚至请求雷玛尔让他们试飞一下这架飞翼机。对于这些要求，雷玛尔微笑着一一回绝，因为 H I 号机完全相反的升降舵操控实在是太危险了。

弗里德里希·克里斯蒂安森，这位功勋空军战士使德国空军高层早早注意到霍顿兄弟的存在。

在围观群众中，有一位老飞行员的身份尤为特殊，他就是第一次世界大战的著名王牌、宣称击落 20 架敌机和一艘飞艇的弗里德里希·克里斯蒂安森（Friedrich Christiansen）。在希特勒掌权、疯狂扩军备战的 30 年代，克里斯蒂安森是重建德国空军的重要人物。在这次滑翔机大赛之上，H I 号机的表现令克里斯蒂安森兴奋不已，他事后向好友——同样也是第一次世界大战王牌的恩斯特·乌德特（Ernst Udet）多次提起此事，使这位未来的德国空军高级将领早早地注意到霍顿家这几个充满活力和激情的年轻人。

伦山滑翔机大赛落下帷幕，H I 号机没有取得突出的成绩，但其设计引起了大赛评委会的

雷玛尔降落后，得到朋友们的热烈祝贺。

注意，雷玛尔被要求再次进行一次演示飞行。最后，这架外形前卫优美的滑翔机再一次征服了在场的航空专家——HⅠ号机为雷玛尔赢得了1934年度伦山滑翔机大赛的设计大奖。

雷玛尔得知设计大奖的600帝国马克奖金将以汇款的方式寄到波恩市的霍顿家中，当即请求大赛评委会预先支付100马克——他还想继续在瓦瑟峰场地试验HⅠ号机，但此时自己的钱包已经空空如也……

最后，雷玛尔心满意足地拿到了这笔宝贵的经费，和大哥沃尔夫拉姆以及他的"坡风"留在不再嘈杂喧闹的场地中。当时，场地中还有一个纳粹党组织的滑翔机学校在活动，学员们都是和雷玛尔年龄相仿的青年航空爱好者。雷玛尔热心地凑过去帮忙，很快和对方打成一片。他们约定下次山风再起、适合飞行时，学员们帮助雷玛尔的HⅠ号机起飞升空。

起风了，滑翔机学校的小伙子们七手八脚地把他们的滑翔机推出机库，这是一架巨大的"超级法尔克（Super Falke）"，翼展接近17米长。在它完成起飞准备之前，雷玛尔已经驾驶着HⅠ号机飞离瓦瑟峰场地。广袤的群山之巅，雷玛尔尽情享受了好一阵子自由飞行的乐趣后，滑翔机学校的那架"超级法尔克"才慢慢吞吞地出现在其后下方的空域中。雷玛尔等待了好几分钟，希望"超级法尔克"能够赶上来一起比翼齐飞。不过，这架大型滑翔机依然四平八稳地保持自己的速度和航向。雷玛尔按捺不住，驾驶HⅠ号机转了一个大弯，对准"超级法尔克"俯冲而下——正如几年之后扑向盟军轰炸机的德军战斗机飞行员一样。只见两架飞机越来越近、马上就要迎头相撞，而"超级法尔克"没有一丝一毫避让的意思。雷玛尔只好猛然拉杆，HⅠ号机轻盈地一点机头，从对方的机腹下一掠而过。

借助着强劲的上升气流，两架飞机在天空中飞行了足足一个小时。雷玛尔驾驶着HⅠ在大型滑翔机的旁侧左右翻飞，但对方始终不为所动。风力减弱了，两架滑翔机开始返航。再一次，HⅠ号机飞在最前面，平稳轻快地降落在平地之上。雷玛尔打开驾驶舱，露出欣慰的笑容，他对HⅠ号机的表现感到极为自豪。滑翔机学校的小伙子们围了上来，没花多少工夫便把飞机拖入到500米之外的机库当中。这时候，"超级法尔克"滑翔机还停在跑道上，这架大型滑翔机没有卡车的帮助无法挪动分毫。

只见"超级法尔克"的座舱盖打开，爬出一名身穿制服的成年人——滑翔机学校的校长。他面色阴沉地走到雷玛尔面前，以毋庸置疑的语气宣布：滑翔机学校是军方机构，雷玛尔本人并非纳粹党员，无权占用该学校的资源；未经允许，HⅠ号机不能使用本地的机库，必须马上从瓦瑟峰场地消失！

雷玛尔自觉刚才飞行中的表现激怒了对方，然而场面已经无法挽回。他立即打电话接通汉格拉尔机场，希望能够借到一架牵引机将 H I 拖曳回波恩，结果以失败告终。困境之中，雷玛尔打听到达姆施塔特的德国滑翔机研究所配备有自己的牵引机，他立刻想到了"坡风"本人——此时的亚历山大·利皮施正在滑翔机研究所担任技术部主管，他设计的"法夫纳2（Fafnir 2）"高性能滑翔机在这一届伦山滑翔机大赛上技惊四座，一口气飞到捷克斯洛伐克，创下375公里滑翔距离的新纪录。

雷玛尔给利皮施打了一个电话，表示如果滑翔机研究所能够借给他一架牵引机把 H I 号机从瓦瑟峰带走，他愿意将这架飞机送给利皮施。结果，对方在电话中婉言谢绝了这一提议，因为他没有权限将滑翔机研究所的牵引机外借。

这个电话使雷玛尔遭受到沉重的心理打击，站在他的角度，他完全无法理解利皮施——这位曾经在半年前表示愿意接受自己为学生的前辈——竟然不肯为他破一次例！

这通电话之后，雷玛尔开始有了一种模模糊糊的感觉：自己可能永远没有机会和利皮施平起平坐地展开交流，也不大可能师从前辈研习航空知识，他自己唯一的道路便是在实践中摸索，造出自己的飞翼机。

当天晚上的瓦瑟峰场地，雷玛尔和沃尔夫拉姆展开了一次长谈，他认为自己的这第一架飞机已经无法带回波恩了。很显然，这架飞机也不能留给滑翔机学校——它的升降舵操纵方式和普通飞机完全相反，这对新手学员来说极为致命。

雷玛尔决定彻底拆掉 H I 号机，但在此之前要对它进行最后一次、也是非常重要的试

正在被拆解的 H I 号机。

验——破坏性的地面静力测试。雷玛尔体重 60 公斤，沃尔夫拉姆体重 70 公斤，可以充当静力测试的配重。两兄弟同时爬上 H I 号机的一侧翼尖，机翼结构开始出现断裂。在另外一侧翼尖，雷玛尔和沃尔夫拉姆如法炮制，得到的结果相同。至此，雷玛尔作为设计师，对自己设计飞机的结构强度获得了一个清晰的认识。

接下来，两兄弟将 H I 号机上的胶合薄板和亚麻布蒙皮完全撕下，再仔细地拆除还能重复使用的金属零配件，装入沃尔夫拉姆随身携带的海员背包中。最后，两兄弟把 H I 号机的残骸搬到机库之外，点上一把大火，再骑上摩托潇洒地开回波恩。

被烧毁的 H I 号机，只留下一堆灰烬。

H II "雄鹰"的起飞

至此，H I 号机项目告一段落。该机消耗了霍顿兄弟 1000 小时的工时进行制造，总共飞行时间只有 7 个小时。随后，雷玛尔从大赛方面得知瓦尔特租赁牵引机的费用高达 250 马克，将其扣除后，两兄弟拿到的奖金只有 200 余马克——而且要以每个月 20 马克的方式逐渐邮寄到波恩市的家中。对比制造飞机的 1000 帝国马克经费，霍顿兄弟在比赛过后实际上血本无归。

对雷玛尔而言，这次比赛最大的收获是确认自己对飞机控制面的调整方向是正确的，他决定以此为基础展开第二架飞机——也就是

H II 号机的设计。

在"坡风"的研发过程中，雷玛尔认为飞翼机的纵向稳定性问题已经可以通过尽量将重心前移加以解决。不过，由于飞翼机俯仰轴控制的力矩较短，这意味着飞机的重心变化必须保持在非常短的一段距离之内。这一特性在滑翔机上的表现尚且无伤大雅，但对于燃油及挂载变化较大、重心改变剧烈的军用飞机而言，则会引发一系列问题。

接下来，雷玛尔的第二架飞机被定名为 H II "雄鹰(Habicht)"，该机的构思实际上始于 1933

从前下方角度仰视 H II 号机的机身中段结构。

年秋天，在 H I 号机试飞成功之后不久。在这个型号之上，他继续优化自己的稳定性和操控性设计理念，并展开多项重大改进：

第一，预留安装一台活塞发动机的空间。这样一来，H II 号机就有机会改进成为动力滑翔机，可以依靠自身动力起飞升空，为霍顿兄弟省下一笔租赁牵引机的费用。

第二，采用机身中段结构和左右两副翼面灵活拼接的整体设计，以便飞机能够方便地拆卸成三个部分展开运输。机身中段结构实际上是由轻质金属管焊接而成的一个巨大框架，木质外翼段依靠 D 型前缘梁联结在框架的左右两端，该设计将成为后续所有霍顿兄弟飞翼机的一个鲜明特点。

第三，也就是最重要的一点，即普朗特教授钟形升力分布理论的应用。

根据传统设计，在正常飞行条件下，流经机翼的气流下洗，由此产生向后的诱导阻力和向上的升力，其合力实际上为朝向后上方。

在转弯时，飞行员要改变机翼迎角以调整升力，通过两侧机翼的升力差实现转弯。例如，向右转弯时，飞行员向右拉动操纵杆，此时左侧机翼的副翼下偏，相当于左侧机翼迎角增大进而升力增加，此时右侧机翼的情况则相反。左右两侧机翼升力的差异导致飞机左侧机翼抬起，右侧机翼下沉，整架飞机向右滚转进入转弯。

不过，在左侧机翼升力提升的同时，诱导阻力也会随之增大，因而水平方向上，机头反而向左偏转。因而，机翼升力和诱导阻力共同作用，导致飞机航向和滚转方向相反的现象被称为反向偏转。在传统的飞机中，垂直尾翼和方向舵用来抵消反向偏转的影响。

根据钟形升力分布理论，理想机翼的翼型从翼根到翼尖持续变化，流经机翼的气流从翼根部位的下洗逐渐过渡为翼尖部位的上洗。在滚转过程中，一侧机翼迎角增大、升力增加的条件下，翼尖部位诱导阻力和升力的合力实际上是朝向前方，因而反向偏转则会反转成为正向偏转，飞机则表现为航向变化和滚转方向相同。

得到利皮施的指引之后，雷玛尔基于该理论进一步提出了"负阻力"或"翼尖推力"的概念。按照他的设想，在采用钟形升力分布设计的前提下，如安装在翼尖的升降副翼设计合理，能够产生足够的正向力矩控制飞机的航向，这意味着传统飞机之上的垂直尾翼和方向舵可以完全摒弃。这样一来，升降副翼便可以同时负责整架飞翼机的俯仰、航向和滚转机动，构成"单一控制"系统。最终结果便是一架纯粹的完美飞翼机。

在霍顿家制造的 H II 号机，翼尖径直伸进了餐厅之中。

1934 年夏天，雷玛尔开始在波恩的家中制造 HⅡ号机。这一次，瓦尔特正在军队中服役无法脱身，而大哥沃尔夫拉姆即将结束海员生涯，前往海军航空兵学校深造，只有他趁着开学之前的空闲时间帮助雷玛尔。

新飞机设计过程中，原 HⅠ的翼型从 1933 年 12 月开始了逐渐的演变，从前往后有 7 度的强烈非线性负扭转，因而大部分气动外洗量位

机身中段结构和外翼段拼合完成的 HⅡ号机，下一步工序是覆盖蒙皮。

全部完工后的 HⅡ号机。

于机翼最外侧的四分之一部分。在翼根处，H II 采用哥廷根的空气动力研究所提出的上弯线轮廓，逐渐过渡到翼尖的对称翼型。飞机俯仰和滚转控制通过升降副翼实现，内侧升降舵由起降襟翼取代。值得一提的是，虽然根据普朗特教授的理论，钟形升力分布的机翼支持"单一控制"系统，雷玛尔依然在 H II 之上安装了阻力舵负责方向控制。

与 H I 相比，新飞机将原有的三角翼设计改为后掠翼，翼展和后掠角均有加大。机身下方安装配备有刹车的自行车式串联起落架，前轮可收入机身之内，后轮可以操控左右转动。除此之外，H II 最异乎寻常的特性是飞行员的座椅呈半仰卧的安置，以减少正投影面积、降低阻力。根据现代航空史学家的考证，该型号也是半仰卧式飞行员座椅的最早尝试。

飞行员在 H II 号机之上的仰卧姿势。

雷玛尔消耗整整 5000 个小时的工时制造 H II，耗时是上一个型号的五倍之多。因而，制造成本成为他需要解决的头等难题。这一次，雷玛尔得到了父亲的支持：霍顿爸爸已经退休，经济状况并不宽裕，但他仍然毫不吝惜地为自己的儿子签出一张张支票。霍顿爸爸甚至表示，如果有必要，他可以把波恩的住宅卖掉以筹措经费。在父亲的鼓舞下，雷玛尔毫无后顾之忧

地进行 H II 项目。

1935 年初，瓦尔特依靠自己的飞机驾驶技能特长，获得调离陆军加入德国空军的许可。在临行前，瓦尔特的陆军战友和他一起拍下一张颇为幽默的合影作为留念。照片中，瓦尔特被蒙起双眼，双手反绑在电线杆上，在他面前，第 3 营的战友们一个个举枪瞄准，等待着指挥官一声令下，枪毙"叛徒"瓦尔特！

第 17 步兵团陆军战友们枪毙"叛徒"瓦尔特的合影。

在这一阶段，雷玛尔在父亲的帮助下进入波恩大学，学习与航空理论相关的高等数学知识。有了家人的支持，雷玛尔得以全力以赴地完成飞机的研发工作。1935 年 5 月，无动力的 H II 滑翔机顺利完成首飞。在试飞过程中，H II 号机很快暴露出一个严重的问题：大攻角飞行时，仰卧姿态的飞行员的双脚被高高抬起到头顶上方，对视野的影响较大，这意味着在起飞和降落过程中，飞行员极难看到前方的跑道。这一设计将在未来得到优化。

H II 号机升空后，雷玛尔认为自己将钟形升力分布理论从纸面变成现实，在飞翼机领域的成就已经超过了自己的前辈皮施。雷玛尔就自己的研发经验写下一篇文章，连同 H II 号机的照片一起寄往《飞行运动》杂志投稿。然而，杂志发行后，雷玛尔发现只有 H II 号机的照片刊登出来，而自己寄予厚望的文章却石沉

大海。以雷玛尔的角度,《飞行运动》杂志的编辑并非吹毛求疵的出版业者,对于这种新的理论文章应该不会拒之门外。由此,雷玛尔认为一定是编辑将文章送给利皮施审阅,而后者出于同行相妒的心态对其进行了百般诋毁,这篇重量级理论性大作方才失去了发表的机会。

实际上,这仅仅是雷玛尔本人的臆想,没有任何事实依据。利皮施研究飞翼机和无尾机已经有 13 年之久,对这两种构型的优劣对比可谓了然于胸。利皮施没有痴迷于"完美"的理想飞翼机,实际上在 1929 年的"鹳 V"动力无尾机之后,他的所有后续设计均配备有垂直安定面。在上一年,也就是 1934 年底,利皮施已经完成一系列高性能无尾三角翼战机的概念设计,并以此与德国空军展开接触,进而继续进行无尾设计的实用化研发。可以说,对理想和现实的恰当平衡是未来利皮施取得成就的关键,也是他和雷玛尔两人之间最大的差异。

作为飞翼机理念的狂热信徒,雷玛尔对利皮施在这一阶段的进展并不了解。在他心目中,

利皮施的地位发生了戏剧性的变化,昔日的飞翼机先行者和导师慢慢转变成自己的竞争对手……

随着 H II 号机测试的推进,雷玛尔通过朋友借到一台原产希尔特发动机有限责任公司(Hirth-Motoren GmbH)的二手 HM 60 活塞发动机,功率 60 马力。经过三个月的改装工作,雷玛尔终于将发动机安装在 H II 号机之上,通过延长轴驱动机身后方的推进式螺旋桨。由此,H II 滑翔机升级为 H II m 动力滑翔机。

H II m 的动力试飞开始,这意味着霍顿兄弟的飞翼机探索又向前迈进了一大步。根据雷玛尔的推算,只需要 20 马力的功率就可以推动 H II m 号机起飞升空,因而在整架飞机的滑跑流程当中,他都一直极为小心地控制发动机转速。以 50 公里/小时速度,H II m 号机离地升空。雷玛尔信心十足地将发动机的节流阀推满,H II m 号机紧贴着地表越飞越快,越过不到 1 公里之外的跑道尽头时,速度已经提升到 180 公里/小时。由于机身轻巧,总重量不超过 450 公

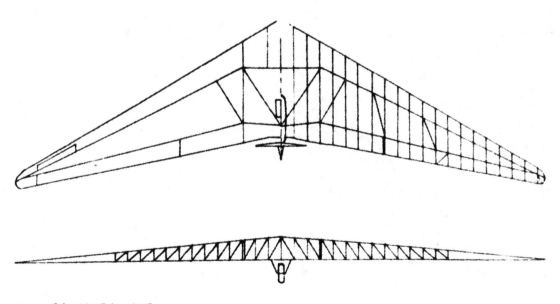

H II m 号机顶视图和正视图。

活塞发动机安装到 H II 号机之上的位置。

斤，H II m 号机仅凭一台二手发动机便表现出相当出色的爬升性能，从海平面爬升至 1000 米高度只需 3 分钟时间。此时，飞机仍能保持 4～5 米/秒的强劲爬升率。

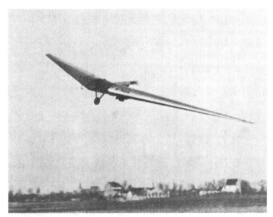

飞行中的 H II m 号机。

完工后的 H II m 号机。

在这一阶段，柏林方面的两名年轻官员来到波恩市的汉格拉尔机场视察航空运动状况，霍顿兄弟认为这是向政府高层展示自己的飞翼机计划，并争取官方支持的大好机会。在一番准备之后，瓦尔特驾驶 H II m 号机起飞升空，在两位柏林来客头顶上展示各种特技机动。忽然之间，二手的希尔特活塞发动机故障，飞机在 200 米高度失去了动力。不过，瓦尔特依然胸有成竹地驾驶飞机完成演示飞行，顺利降落在机场跑道上。通过这次演示，霍顿兄弟希望这次飞行能够打动柏林的官员：即便发动机故障，他们的飞翼机设计仍然表现得无可挑剔。

然而，在接下来数 10 个月的漫长时间里，官方没有表现出对飞翼机设计的任何兴趣。值得一提的是，两位柏林来客之一便是帝国航空部技术局的汉斯·马丁·安茨（Hans Martin Antz），他将在三年之后推动梅塞施密特公司展开著名的第一代喷气式战斗机——Me 262 研发项目，并作为德国喷气式飞机计划的引领者对多个先进战机项目施以极其重要的影响。

德国喷气式飞机计划的引领者汉斯·马丁·安茨（中间戴礼帽者）正在视察新型飞机的试飞。

基于这一点，雷玛尔一直对安茨颇有微词，认为对方只是一个缺乏远见的普通官僚，倘若安茨慧眼识珠，自己的飞翼机事业便能早日修得正果。实际上，以 20 世纪三四十年代航空工业的技术水准，即便是保留垂直尾翼的无尾飞机设计都显得过于前卫——前辈利皮施的"鹳V"在 6 年前成功试飞至今一直都没有得到政府的垂青，遑论霍顿兄弟的这架 H II m。在德国范围内，飞机制造商对无尾机/飞翼机的不信任和排斥仍将持续下去，直到未来的 1943 年。

很快，二手的希尔特发动机频频出现故障，无法继续使用。雷玛尔将其送还朋友，随后直接找到希尔特公司，希望能获得对方的援助。希尔特公司负责人非常慷慨地借给雷玛尔一台全新的希尔特 HM 60R 活塞发动机，其输出功率可达 79 马力。凭借新的动力设备，雷玛尔继续在 H II m 号机上展开超过 100 小时的测试飞行。总体而言，雷玛尔对于 H II m 的性能相当满意，认为驾驶员视野缺损、起落架运作欠佳等问题都无关大局。

在 H II 系列的测试中，霍顿兄弟发现后掠翼的中间段产生的升力低于预期，因而升力分布与计算结果不符，飞机有机头下沉的趋势。这个问题被霍顿兄弟称为"中段效应（Mitten-Effekt）"，并影响了他们后来所有的设计。

霍顿兄弟尝试多种方案解决"中段效应"，但效果并不理想。实际上，该现象的真正原因是后掠翼与平直翼的升力特性不同。在 20 世纪前半叶，航空科研人员没有确定后掠翼升力分布的本质特性，升力计算建立在平直机翼的数据之上。结果，在后续的飞翼机的研发过程中，"中段效应"消耗了霍顿兄弟相当多的精力和资源。

HV 的新起点

随着时间的推移，特罗斯多夫（Troisdorf）的化工企业戴纳米特公司（Dynamit AG）对霍顿兄弟的飞翼机设计发生了兴趣。该企业的主营业务是各种复合材料，希望能和霍顿兄弟展开合作，将自己最新的酚醛基复合材料打入德国的航空工业。作为跨界厂商，戴纳米特公司对飞翼机设计没有任何偏见，他们首先为 H II 号机提供两种合成材料用以制造座舱盖，效果良好。接下来，双方在特罗斯多夫的航空俱乐部合作制造一架以塑料材质为主的常规布局滑翔机。值得一提的是，这架滑翔机的蓝本正是老前辈利皮施在 12 年前的成功作品——"恶魔的拥抱

用复合材料制造的"恶魔的拥抱"号外翼段。

（Hols der Teufel，源自瑞典语 Djävlar Anamma）"号单翼滑翔教练机。雷玛尔在"恶魔的拥抱"号的机翼上大量使用塑料，减少金属支撑结构，使得重量得到15%的减轻，收效令人满意。

这一阶段，瓦尔特正驻扎在维尔茨堡（Würzburg）附近的吉伯尔施塔特（Giebelstadt）机场，与第155轰炸机联队（Kampfgeschwader 155，简称 KG 155）一同接受道尼尔（Dornier）公司 Do 23 轰炸机的飞行员训练。驾驶这架行动迟缓的轰炸机让瓦尔特满心失望，因为他渴望成为一名战斗机飞行员，而且一心前往特罗斯多夫帮助雷玛尔制造飞机。

1936年3月，德国空军的参谋长瓦尔特·韦佛（Walther Wever）中将来到吉伯尔施塔特机场视察 KG 155。走过列队迎接的官兵面前，韦佛中将一眼就认出了两年前伦山滑翔机大赛的参赛者，他在瓦尔特面前停了下来："你就是研发飞翼机的霍顿兄弟中的一位？""是的！""有什么事情需要我帮忙的吗？"瓦尔特立刻抓住这个机会，简短说明两兄弟一直进行的飞翼机研究，并请求能够调防至特罗斯多夫附近的空军单位，以便在空闲时间帮助弟弟。韦佛中将点点头，掏出一个笔记本写

德国空军参谋长瓦尔特·韦佛，瓦尔特迅速抓住机会借助他的职权调入战斗机部队。

1935年的"恶魔的拥抱"号机。

"恶魔的拥抱"号机前的合影，右二为沃尔夫拉姆，右三为雷玛尔，左一为瓦尔特。

下几笔。

4月底，瓦尔特收到一纸调令，前往科隆（Köln）加入新组建的第 134 战斗机联队（Jagdgeschwader 134，简称 JG 134）。值得一提的是，该部联队长库尔特·伯特伦·冯·多林（Kurt-Bertram von Döring）中校在第一次世界大战中是著名的"里希特霍芬马戏团"成员，与著名的"红男爵"里希特霍芬、戈林和乌德特并肩作战，并取得 11 个战果。第二次世界大战之前的德国扩军备战阶段，多林作为新生德国空军战斗机部队的领导之一，一手创办 JG 134。

按照调令，瓦尔特被分配至新联队的三大队，即 III. /JG 134，新的驻地位于科隆东北110 公里的利普施塔特（Lippstadt），而且大队指挥官奥斯卡·迪诺特（Oskar Dinort）上尉正是霍顿兄弟的老友——作为一名优秀的滑翔机运动员，迪诺特早早在瓦瑟峰滑翔机大赛期间便与这对杰出的青年结识。因而，瓦尔特得到上级领导的鼎力支持，能够频频地在驻地与特罗斯多夫之间穿梭，一边进行阿拉多（Arado）公司Ar 65/68 战斗机的训练，一边帮助雷玛尔进行

飞机制造。

有了瓦尔特的帮助，"恶魔的拥抱"号进展顺利。1936 年 5 月，这架塑料机翼的滑翔机成功试飞。接下来，霍顿兄弟和戴纳米特公司继续向前迈进，开始人类第一架全复合材料飞机的研发。

新的项目基于帝国航空部（Reichsluftfahrtministerium，缩写 RLM）的意向，即寻求一款新型战机，其正后方视野和自卫机枪火力不受阻碍，这意味着常规布局飞机之上的垂直尾翼需要移除。为此，霍顿兄弟决定在飞翼机上配备两台反向旋转的希尔特 HM 60R 发动机，驱动机尾的推进式螺旋桨，而自卫机枪即安装在两副推进式螺旋桨之间指向正后方。这一阶段，霍顿兄弟在同步构思 H II 的后续进化版本，即未来的 H III 以及 H IV。相比之下，与戴纳米特公司合作的这款全复合材料飞翼机与 H II 差异较大。为体现出和现有型号的区别，霍顿兄弟决定跳过编号 III 和 IV，直接将其命名为 H V 系列，第一架原型机的编号为 H V a。

为最大限度地降低飞机阻力，H V a 号机的

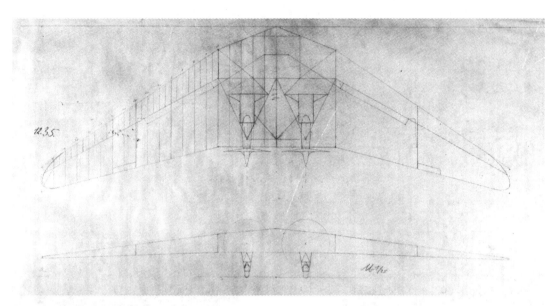

ＨⅤa 顶视图以及正视图。

机翼上表面没有座舱盖凸起，两名机组乘员一左一右地呈仰卧姿势安置在飞翼之内。机翼前缘的上下表面均以戴纳米特公司的透明复合材料制造，使机组乘员获得一览无余的前半球视野。

随着雷玛尔应征入伍德国国防军，特罗斯多夫的项目一度暂停。幸运的是，此时瓦尔特的指挥官迪诺特上尉再次伸出援手。他把雷玛尔征调进入 JG 134 担任预备军官。在接受基本的训练之后，雷玛尔被指派为该部的飞行教官。

接下来，迪诺特上尉交给雷玛尔一个新的任务——制造三架 H Ⅱ，所需的人力和资源由部队提供。按照他的设想，这批飞机完工后，他将和霍顿兄弟各自驾驶一架参加 1937 年的伦山滑翔机大赛。为此，雷玛尔可以自由使用利普施塔特的维修车间，调拨必备的材料以及劳工。他的日常工作很快被其他人分担，转而全身心地进行飞机的制造。

这一次，雷玛尔对 H Ⅱ 的原始设计进行了一番改进。飞机的结构经过加固，能够安装迪

诺特提供的希尔特引擎完成各种特技飞行。此外，一个重要的变化是原先影响视野的半仰卧姿态座椅被最终放弃，座舱改为配置传统的气泡状座舱盖，突出机身中心线上方。对这三架新的飞机，霍顿兄弟定名为 H Ⅱ L 型。在这里，亚型后缀"L"代表着飞机的制造地点利普施塔特。

奥斯卡·迪诺特作为滑翔机爱好者，一直竭力帮助霍顿兄弟，他最后官至少将。

与此同时，在特罗斯多夫的 H Ⅴ a 制造继续进行。在这架"塑料飞机"上，霍顿兄弟计划使用更有效的襟翼以改善低速飞行的品质。按照设计，襟翼放下之后，机头有下沉的趋势，可以通过翼尖的"摇摆翼尖"升降副翼进行配平。该设备基于一副倾斜铰链旋转，向前方转动时

制造中的ＨⅤａ号机，注意光洁的复合材料蒙皮。

使机翼攻角增加，反之亦然。以霍顿兄弟的观点，这种系统能够取代方向舵，实现滚转和偏转的操控。

随着研发的继续，两台希尔特发动机到货，安装在ＨⅤａ号机的机身后方，紧贴机翼后缘的位置，而螺旋桨则直接安装在发动机的传动轴之上。此时，霍顿兄弟还没有体验到的是，过于后置的发动机将使得ＨⅤａ的重心处在稳定范围的边缘，极易引发事故。

1937年3月底，III. /JG 134改组为配备Bf 109 B/D的"格赖夫斯瓦尔德"教导联队（Lehrgeschwader Greifswald）二大队，迪诺特升任少校。在他的支持下，霍顿兄弟的飞翼机研究继续进行。

1937年6月2日，ＨⅤａ号机完工，在波恩的汉格拉尔机场进行首次试飞，两兄弟并肩进入驾驶舱之内。瓦尔特担任飞行员，而雷玛尔担任他的观察员。

离地升空之后，雷玛尔注意到飞机的重心表现异常，他要求瓦尔特中止飞行、马上降落回地面。不过瓦尔特认为飞机仍处在可控状态之内，执意完成一次完整的试飞。在距离地面10米的高度，瓦尔特将左侧发动机的输出功率调低，右侧发动机保持马力全开，飞机开始向左慢慢旋转。由于动力不足，飞机的左侧翼尖擦碰到跑道之上，顿时翻转倾侧，顷刻间四分五裂。

事故中，ＨⅤａ号机的复合材料座舱盖被证明过于脆弱，完全无法经受强烈的震动。霍顿兄弟受到不同程度的轻伤，而戴纳米特公司在

ＨⅤa(上)和ＨⅡm的对比。

ＨⅤa最后的残骸，发动机完好无损。

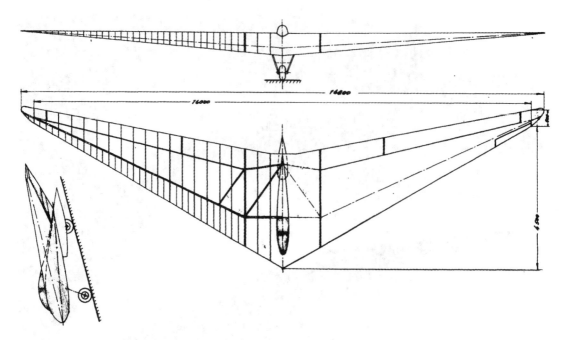

H Ⅱ L 三视图，注意隆起的座舱盖。

这个项目之中投入的 40000 帝国马克化为泡影。不过，对于这家企业而言，H Ⅴ a 项目仍然小有收获，因为这毕竟是一次完整的跨界合作尝试。戴纳米特公司从中收获了三项专利，参加 H Ⅴ a 号机制造的技术人员进行过数百次新型复合材料和新型粘接材料的测试，积累下相当程度的经验。以此为基础，戴纳米特公司研发出一系列防水和耐燃料的粘接胶水，扩充了企业的产品线。

接下来的 6 月，霍顿兄弟的第一和第二架 H Ⅱ L 相继完工，分别获得 D-10-125 和 D-10-131 的官方注册号。此时，1937 年的伦山滑翔机大赛即将开幕，第三架 H Ⅱ L 尚未完工，而且迪诺特少校公务繁忙无法脱身，因而瓦尔特和雷玛尔便驾驶这两架崭新的滑翔机代表 JG 134 参加竞赛。

由于时间紧迫，霍顿兄弟没有来得及熟悉 H Ⅱ L 的操纵手感，对飞机的种种设计缺陷也无法及时修正。例如，雷玛尔发现起落架轮安装

1937 年伦山滑翔机大赛的海报。

不当，使得降落频频出错，再加上刹车的故障，他本人多次在大赛评委会面前极为难堪地驾机硬着陆，以至于起落架损坏。相比之下，瓦尔特的飞行技术略胜一筹，他曾经有一次驾驶 H II L 号机爬升 3000 米高度，但由于飞机气压计故障，没有留下任何飞行数据。因而，两兄弟的第二次伦山滑翔机大赛没有获得任何分数，以白卷告终。

伦山滑翔机大赛过后，比赛负责人向迪诺特少校发去一封信函，表示霍顿兄弟的飞翼尚不成熟，无法达到参赛标准。对此，迪诺特少校并不甘心，他决定一年之后再进行一次挑战。7 月中，第三架 H II L 完工，随后迪诺特命令两兄弟继续研发两架全新型号的滑翔机——H III，目的正是参加来年的伦山滑翔机大赛。

8 月底，迪诺特少校被调离别处，"格赖夫斯瓦尔德"教导联队更换了一个对飞翼机毫无兴趣的二大队指挥官。不过，在离任之前，迪诺特少校设法联系上帝国航空部的德国空军兵器生产总监（Generalluftzeugmeister）恩斯特·乌德特上将，向其通报霍顿兄弟飞翼机项目的进展。

对于执着于飞翼机研究的两兄弟，乌德特早有耳闻而且极为赏识，在他的庇护下，霍顿兄弟的研发项目得以继续进行。随后，霍顿兄弟被分配到科隆附近的奥斯特海姆（Ostheim），加入 JG 132。在新的环境中，霍顿兄弟同步开始 H V a 的改型——采用传统材料制造的 H V b。

在 H V a 失事的调查中，飞行员的仰卧姿势被认为是原因之一。因而，H V b 采用两个正常布局的驾驶舱，突出机身上表面呈一左一右分离安置。为此，飞机翼展被加长 2 米，而"摇摆翼尖"旋转升降副翼被安装在机翼后缘的传统升降副翼所取代。两台希尔特发动机在 H V a 事故中幸存，因而得以重新利用。不过，这一次发动机的安装位置处在飞机的重心附近，通过传动皮带和延长轴驱动后方的推进式螺旋桨。原先 H V a 的可回收机头起落架被取消，取而代之的是固定的三点式起落架。

第二架 H II L（注册号 D-10-131）参加伦山滑翔机大赛的照片。

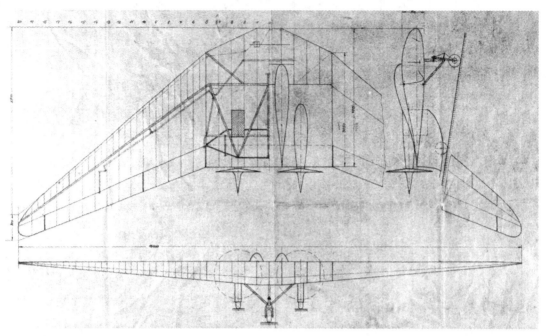

ＨＶｂ三视图。

和平年代最后的 H III

在制造 H V b 的同时，霍顿兄弟根据迪诺特的指示依靠部队资源启动 H III 的研发项目，目的是参加 1938 年的伦山滑翔机大赛。整体而言，H III 是一架放大型的 H II L，翼展达到 20.4 米。在翼根处，翼弦有所减小，因而展弦比增加。飞机的两套升降副翼以不同角度偏转，以保证机翼的负扭转。基于先前的经验，控制连杆安装在滚珠轴承之上，以克服摩擦问题。机身下方，固定的起落架配备有串联的起落架轮。

一天，正当雷玛尔正在基地的车间内忙碌的时候，从敞开的门走进一位年轻的军人，好奇地打量着建造之中造型颇为前卫的飞翼机。雷玛尔放下手中的工作，与对方攀谈起来。原来，这位年轻人名叫海因茨·沙伊德豪尔（Heinz Scheidhauer），刚刚从达姆施塔特的飞行学校中毕业，拿到了一枚"银 C"滑翔机飞行员资格证章。沙伊德豪尔来到科隆，计划在另外一所飞行学校进行为期两个月的战斗机飞行员训练。雷玛尔清楚"银 C"章意味着相当高的滑翔机驾驶水平——需要驾机爬升 1000 米或者留空 5 小时方可获得，因而他热情邀请对方驾驶自己的 H II，对方毫不迟疑地欣然答应。

当时，科隆空域正在进行战斗机部队的训练，处在高度紧张的态势之下。因而雷玛尔驱车将沙伊德豪尔带到 20 公里之外，让他登上波

恩机场的一架 H II 进行体验飞行。经过几次起降流程之后，沙伊德豪尔对飞机的表现相当满意，决定与雷玛尔一起进行飞翼机项目。接下来，在沙伊德豪尔的两个月战斗机飞行员训练结束后，雷玛尔向

海因茨·沙伊德豪尔。

上级申请将其调入自己的团队之中。

为了解决飞翼中部升力减小的"中段效应"，霍顿兄弟在 H III 系列上展开多种尝试。第一款 H III c 在机头的前上方安装一副前置小翼，取得 D-12-347 的注册号后在 1938 年 5 月 7 日试飞。第二款 H III a 取消了这个设计，取得 D-12-348 的注册号后，赶在 1938 年 7 月底的伦山滑翔机大赛前完工。两架飞机经过充分的试飞，结果表明飞翼机相比常规布局滑翔机具备更好的失速性能。

这一次，霍顿兄弟团队信心十足地参与到滑翔机大赛中，H III c 的飞行员是维尔纳·布莱赫（Werner Blech），而 H III a 则由海因茨·沙伊德豪尔驾驶。在最初一个星期的比赛中，两架 H III 表现良好，雷玛尔作为设计师相当

H Ⅲ c 和飞行员是维尔纳·布莱赫的合影，注意机头前上方的前置小翼。

飞行中的 H Ⅲ c。

满意。

　　8 月 6 日的比赛开始时，伦山山区风力微

弱，两架 H Ⅲ 在牵引机的拖曳下升空。布莱赫
看到前方有一大片连绵不绝的云团，便驾驶

H III c 号机率先飞入其中，在他之后，沙伊德豪尔的 H III a 号机和其他多架滑翔机跟着飞入云团。

很快，云团内部的能见度骤然降低，一阵猛烈的风暴生成了，一时间天昏地暗、狂风呼啸，一道又一道的闪电炸开。强劲的气流席卷着多架滑翔机越飞越高，有的滑翔机竟然记录下 20 米/秒的爬升速度。滑翔机很快被带到超出人类体能极限的高空环境，一场悲剧已经无法避免。

地面上，作为观察员的雷玛尔看着头顶上风暴肆虐，团队的两架滑翔机生死未卜，内心焦急万分。很快，他远远地看到 H III c 号机旋转着坠下云层底部，座舱盖已经被弹掉，一顶降落伞徐徐落下。近处的一名观察者看到降落伞之下的飞行员手脚下垂，完全没有任何动作地重重落在地面上——布莱赫在着陆之前已经由于不明原因导致颈骨折断死亡。

此时，H III a 号机被气流推进至 6000 米以上的高度，为滑翔机配置的气压计已经完全失灵。驾驶舱内，沙伊德豪尔感到高空刺骨的低温和稀薄的氧气，身体的知觉逐渐丧失。座舱盖之外伸手不见五指，飞机正在猛烈抖动颤抖，他明白这架飞机随时都会解体坠毁。他拆下气压计以保留自己的高度记录，随后弹开座舱盖跳伞逃生。暴露在高空的低温缺氧环境之后，沙伊德豪尔很快失去知觉。

等沙伊德豪尔醒来之后，他发现自己躺在伦山山区的森林中，全身覆盖着厚厚的冰块，旁边正是他那架 H III a 号机的残骸。救援人员迅速赶来，发现沙伊德豪尔身受二至三级的严重冻伤，立刻将其送往医院。

作为抢救的结果，沙伊德豪尔有三根手指被切除。雷玛尔赶到医院探望，沙伊德豪尔在病床上的一番话让他感动不已，这位忠心耿耿的试飞员请求雷玛尔再造一架 H III，"明年我想回瓦瑟峰再飞一次比赛"！沙伊德豪尔的女朋友也来到医院，以最温馨的方式送上自己的慰藉——在病床前举行两人的婚礼。

1938 年伦山滑翔机大赛结束后，虽然两架 H III 全部损失，它们的表现却打动了德国空军高层，帝国航空部由此向霍顿兄弟订购 10 架改进型的 H III b，并赋予其 8-250 的编号。

不过，对于霍顿兄弟而言，更好的消息还

沙伊德豪尔驾驶的 H III a 号机残骸。

1938 年的第一届李连塔尔奖颁奖典礼，左一为米尔希，右三为雷玛尔，右二为乌德特，右一为亨克尔。

在后面。8 月 10 日——德国航空先驱奥托·李连塔尔（Otto Lilienthal）逝世纪念日，雷玛尔前往柏林，领取政府颁发给他和瓦尔特的李连塔尔奖金（Lilienthal Prize）。这项年度奖励刚刚由教育部设立，旨在鼓励青年德国公民投身航空事业。因而，1938 年的第一届李连塔尔奖金便授予霍顿兄弟，以表彰两人在飞翼机研究上取得的成绩。

颁奖典礼相当隆重，出席的贵宾包括德国空军掌管兵器生产的高层人物艾哈德·米尔希（Erhard Milch）上将和航空巨头亨克尔飞机公司的总裁恩斯特·亨克尔（Ernst Heinkel），而坐在雷玛尔左侧的正是第一次世界大战的传奇王牌——乌德特。新老两代飞行员第一次见面，乌德特就表示他了解霍顿兄弟与戴纳米特公司的合作项目，认为 H V a 的事故相当可惜。这次会面之后，乌德特将在未来几年时间里为霍顿兄弟提供最强有力的支持。

李连塔尔奖金总额为 5000 帝国马克，供霍顿兄弟前往夏洛滕堡（Charlottenburg）的柏林高等工业学校（Berlin Technische Hochschule）进行深造。

1938 年秋季，霍顿兄弟在柏林的大学生活开始。他们一边学习航空理论知识，一边寻找机会建造帝国航空部订购的 10 架 H III b。随后，恩斯特·亨克尔对飞翼机产生短暂的兴趣，邀请霍顿兄弟加入亨克尔公司，但由于理念分歧最终未能达成合作。

在这一阶段，为了解决飞翼"中段效应"，霍顿兄弟专门建造一架名为"抛物线（Parabola）"的飞翼机，其整副机翼的线条都是圆润的抛物线。不过，由于维护困难，该机没有获得升空试飞的机会，最后被一把火烧毁。

1938 年晚些时候，霍顿兄弟的 H V b 完工，该机在德国向帝国航空部的官员们进行了一次演示飞行，不过没有争取到任何订单。随后，乌德特命令德国滑翔机研究所中著名的女试飞员汉娜·莱切（Hanna Reitsch）试飞霍顿兄弟的飞翼机。

于是，1938 年 11 月 17 日，莱切来到柏林

完工的"抛物线"，最终被一把火烧毁。

完工的 H V b 号机俯视图，注意两个分离布置的驾驶舱。

附近的朗斯多夫（Rangsdorf）机场，瓦尔特已经在这里准备好第三架 H II L（注册号 D-11-187）。女试飞员进入驾驶舱就位，瓦尔特驾驶牵引机将滑翔机拖曳到 800 米高度。松开牵引索后，莱切驾机进行十分钟的飞行。

试飞完成后，莱切向 RML 提交一份试飞报告。

1938 年 11 月 18 日朗斯多夫机场霍顿 II（D-11-187）的飞行测试

在乌德特将军的要求下，霍顿Ⅱ由汉娜·莱切(达姆施塔特德国滑翔机研究所)进行飞行测试。

下列飞行特性的报告不能认为作为当前阶段霍顿兄弟研发的无尾飞机的评定。其飞行特性不符合现今的规格。不过，需要特别指出的是，该机体现出优良的静态纵向稳定性，且失速相关的表现完全安全。

飞行特性

由于霍顿Ⅱ的开发者没有足够的原材料用于制造，其导致的结果使测试非常困难。由于缺乏滚珠轴承，控制面的操纵力很重以至于稳定性的准确测量无法进行。

A 驾驶舱

(1)舒适度：中等。

(2)视野：糟糕，因为眼睛的水平线高度受到驾驶舱边缘的阻碍。

(3)进出驾驶舱：仅适合运动员体格的飞行员。

(4)降落伞设置：令人满意。

(5)仪表板布局：不是很令人满意。

(6)起落架布局和收放操纵：只适合手臂长的飞行员。

(7)控制面摩擦力：不满意。

B 起飞和着陆特性

起飞

不推荐采用正常起飞的操作流程，因为需要较长的滑跑距离。最佳的起飞方式是将操纵杆向后拉满，直到飞机平安无事地离地升空。当爬升到距离地面两到三米高度时，操纵杆可以向前回正，飞机可以保持正常的飞行状态。据推断，正常流程下较长的起飞滑跑距离原因是起落架的布局不令人满意。

降落

即便在小型跑道上降落，通过使用着陆襟翼和两侧机翼上充当俯冲刹车的阻力舵，其过程也相当轻松。着陆滑跑正常。

C 气动平衡和稳定性

由于摩擦力过大，操纵杆在扳动到任何位置后都会维持不动，平衡和稳定性测试无法正常进行。静态的纵向稳定性良好。

D 操控性和控制力

纵向操纵

运动方向阻尼严重。操纵力正常。

横向操纵

动作结束时会出现明显的反向偏航力矩，因而反应欠缺不令人满意。由于摩擦力过大以及气流突变对控制杆的持续震动影响，控制杆力无法准确地判断。副翼上产生的这些振动很有可能是由于操纵面上缺乏静态配重。过度的控制动作给人一种感受：飞机即便在平稳的大气中也没有体现出横向稳定性。

航向操纵

翼尖部分的上表面和下表面安装有阻力舵。当它们展开时，飞机马上作出反应。航向操纵会马上将(转弯)内侧的机翼速度降低，飞机会立刻在垂直轴和纵轴上发生偏转。

三个操纵轴上控制力的协调性令人不满意。

E 转弯飞行

转弯困难。因为没有办法仅依靠副翼转弯，只能借助阻力舵进行。

机动性

如果强力蹬舵展开阻力舵，机动性良好。没有办法轻松地实现真正的坡度飞行(需要指出的是，试飞员无法收起起落架，因而很有可能是产生的涡流影响了带坡度的表现)。

F 侧滑飞行

霍顿Ⅱ无法执行侧滑飞行。

G 失速飞行条件下的操控品质

无论进行何种操控，飞机都不会有机翼下

沉或者陷入尾旋。控制杆向后拉动之后，飞机会向前轻微地抬头减速，但不会达到超过90公里/小时的速度。（对于仪表被冻结条件下的盲飞体验，这一点有极大帮助。）

总结

对于以上缺点，霍顿兄弟需要在未来的研发中加以解决。

达姆施塔特机场　1938年12月11日

1938年伦山滑翔机大赛，汉娜·莱切好奇地端详着第二架 H III a 号机，不过她在11月试飞的是一架 H II L。

军方订购的 H III b。

以霍顿兄弟的角度，这份试飞报告对 H II L 号机的评价过低、相当不公平。H II L 号机是按照成年男性飞行员的体格设计的，莱切身材娇小，所以才会抱怨起落架操纵"只适合手臂长的飞行员"。另外，飞翼机控制面的力矩较短，需要严格控制重心的位置，因而 H II L 号机是按照飞行员60公斤的规格进行重心调配的。飞行员体重越大，飞行品质越好，反之亦然。莱切作为一名少有的女性试飞员，体重仅有48公斤，因而雷玛尔认定这正是她在 H II L 上体验欠佳的原因。

不过，莱切的试飞报告对霍顿兄弟的飞翼机研发没有造成什么影响。这架 H II L 号机1939年3月的一次飞行事故中损失。其余的两架 H II L 继续用以测试，计划中的活塞发动机从未安装上。

1939年5月，瓦尔特的单位 JG 132 改组为 JG 26，即日后德国空军在西线战场的精英"施特拉格"联队。在这一阶段，大致与此同时，霍顿一家三兄弟的兄长沃尔夫拉姆已经完成海军航空学校的学业，加入德国空军成了一名轰炸机飞行员。

1939年6月11日，第一架 H III b 完工，并获得注册号D-4-681。这年夏天，伦山滑翔机大赛和往年一样吸引了 60 余架滑翔机参加。这一次，雷玛尔准备好多架 H Ⅲ b 前往瓦瑟峰，飞行员队伍则由经验丰富海因茨·沙伊德豪尔带领。比赛中，沙伊德豪尔驾驶 H Ⅲ b 从瓦瑟峰径直飞入捷克斯洛伐克境内，距离超过 300 公里，因此他获得了自己的"金 C"滑翔机飞行员资格证章。

不过，由于沙伊德豪尔在一年前的事故中失去了三根手指，他无法在空中拧开氧气瓶的旋钮，为此无法驾机爬升到氧气稀薄的高空，只能在 4000 米以下的空域活动，评分大受影响。加上其他因素，最终沙伊德豪尔在比赛中的成绩只处在中游的位置。

霍顿兄弟团队参加的这最后一次伦山滑翔机大赛没有取得亮眼的成绩，然而雷玛尔倒是小有收获。他注意到斯图加特的一支参赛队伍带来了一架采用颇为独特的俯卧式驾驶舱的滑翔机，决定对这个设计加以改良，研发更优秀的下一代霍顿滑翔机——H Ⅳ。

1939 年伦山滑翔机大赛的海报。

第二次世界大战开始，H IV 的诞生

1939 年 9 月，随着德军入侵波兰，第二次世界大战爆发，霍顿兄弟在柏林的学业戛然而止。

最开始，瓦尔特收到命令，返回德国空军中的先前单位 JG 26。大致与此同时，大哥沃尔夫拉姆作为德国空军的 He III 飞行员投入战斗。

与此同时，雷玛尔则颇感失落。在战争刚刚开始的阶段，他没有收到征召的命令，留在波恩的家中无所事事，看着身边的朋友一个接着一个地入伍服役。经过一番周折，雷玛尔在 11 月得到了他的军事飞行员证书，前往哈尔伯施塔特（Halberstadt）的飞行学校担任教官。在这个新单位，雷玛尔每天要驾驶 Ju 33 或 Ju 34 型教练机，带领他的学员完成 1000 公里以上的飞行训练。第二年四月，雷玛尔被调配到纽伦堡（Nürnberg）的一个战斗机/驱逐机飞行学校，学习战斗机战术的相关课程。

5 月 20 日，一条噩耗传来，大哥沃尔夫拉姆在英吉利海峡的布雷任务中阵亡。雷玛尔从失去兄长的悲痛中恢复过来，在夏季完成学习任务。随后，他的军衔提升至少尉，从 8 月开始被分配到不伦瑞克（Braunschweig）的滑翔机学校，接受无动力滑翔运输机的训练。

雷玛尔对这个新的岗位并不满意，不过他在这里遇上了老朋友沙伊德豪尔。原来，在 5 月份，德军发动对比利时埃本·埃马耳（Eben-Emael）要塞的滑翔机奇袭战，德国空军为此在全国范围内征集了最优秀的滑翔机飞行员，其中也包括沙伊德豪尔。战斗中，沙伊德豪尔驾驶"花岗岩分队"的 7 号 DFS 230 滑翔机和其他队友一起降落在要塞顶部，机舱内的特种部队蜂拥而出，一举攻克这座被认为牢不可破的要塞。不过，沙伊德豪尔在战斗中负伤，带着一枚一级铁十字勋章辗转进入滑翔机学校。

埃本·埃马耳要塞强袭战过后的滑翔机飞行员合影，每个人都佩戴着一级铁十字勋章。右二为海因茨·沙伊德豪尔；右一为鲁道夫·奥皮茨（Rudolf Opitz），日后著名的 Me 163 火箭截击机试飞员。

在不伦瑞克，两名滑翔机的狂热爱好者一拍即合，共同筹备研发雷玛尔筹备已久的高性能滑翔机——H IV。雷玛尔着手制造 H IV 的全尺寸木质模型，沙伊德豪尔则为这个型号测试新的半俯卧驾驶姿势。

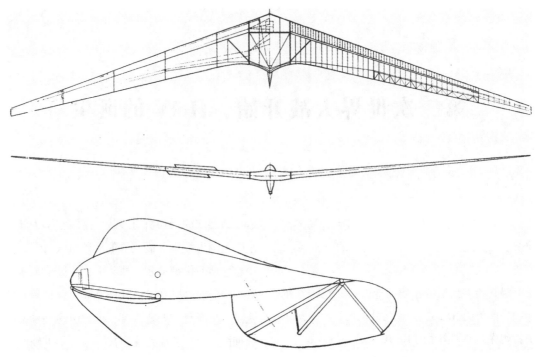

H IV 三视图。

JG 26 联队部的合影，前排左起第 4 人为联队长汉斯-胡戈·维特（Hans-Hugo Witt）少校，左起第 5 人即瓦尔特。

在这一阶段，瓦尔特进入 JG 26 联队部，成为这支西线德国空军王牌联队的技术军官，驾驭德国空军最精锐的战斗机——梅塞施密特公司的 Bf 109E。在接收战斗机并加以验收、交付部队的过程中，他逐渐摸透了这款新战机的飞行性能。

6 月中旬，JG 26 的三大队迎来了一名新的指挥官——手持 12 个击落战果的阿道夫·加兰德(Adolf Galland)上尉。加入 III. /JG 26 后，加兰德在法国战役和不列颠之战中连连取得空战胜利，迅速晋升为少校，成为德国空军最为耀眼的明星王牌飞行员。8 月 22 日，意气风发的加兰德少校晋升为 JG 26 的联队长。他入主联队部后不久，便任命中尉军衔的瓦尔特担任自己的僚机，因而这位比加兰德小 1 岁的技术官便得到了升空作战的机会。

事实上，对于自己的长机加兰德——未来的钻石骑士十字勋章得主、德国空军最年轻的少将、战斗机部队总监、最受战后西方媒体追捧的超级王牌，瓦尔特暗地里颇多微词。根据他的回忆，加兰德总是利用职权试飞所有分配到部队的飞机，然后把工况最好、速度最快的一架留给自己；战斗中，只要发现敌情，加兰德便毫不犹豫地把油门推满，以最快速度猛冲猛打，完全不顾被自己抛在身后的僚机——他们一方面要竭力保持编队，一方面要留意长机的安危，很容易落单而遭到攻击。战后，瓦尔特在接受媒体采访时极为尖酸地大吐苦水："你看，现在没有一本书里头会写他在 1940 年 8月到 9 月间损失了 12 名僚机，我是他的第 13 名。也许正因为我比他飞得好，我才能活着熬过了战争。实际上，没有人想和他一起飞任务。实际上那非常危险……"

由于年代久远和资料缺失，加兰德的僚机损失已经难以完全考证，不过 JG 26 在他的带领

下的确战果斐然。加兰德的战术思想非常实用：近距离开火射击。为此他要求 JG 26 将 Bf 109E 加农炮的开火距离从 200 米缩短到 100 米，以求尽可能逼近目标、增加命中概率。和其他队友不同的是，瓦尔特具备过人的数学天赋，他慢慢摸索出一套独到的远距离射击战术，其开火距离足足是德国空军射击教范的三倍！

瓦尔特和他的 Bf 109E 的合影。

1940 年 8 月 28 日，JG 26 出动 120 架 Bf 109E，在加兰德少校的带领下掩护 33 架轰炸机空袭英国。在加兰德的僚机位置，正是战绩单上一片空白的瓦尔特。肯特郡空域，德军编队遭遇 32 架飓风战斗机和 12 架无畏(Defiant)战斗机的拦截。

混战当中，英军第 264 中队的一架无畏战斗机大摇大摆地从瓦尔特座机正前方横穿而过，距离在 700 至 1000 米之间。以通常的空战经验，

Bf 109E 在这个距离之上基本是不可能命中目标的，然而瓦尔特对双方距离和方位、目标速度和方向进行了迅速估算，信心十足地扣动扳机。只见一串致命的火舌从 Bf 109 的机炮口中喷射而出，英军战斗机爆成一团火焰，向下坠落。瓦尔特·霍顿中尉以匪夷所思的方式取得个人第一次空战胜利。

同一个空域之内，加兰德目瞪口呆地目睹了这一回合战斗，当即在无线电中呼叫瓦尔特："活见鬼，你真的打中了它，这是怎么做到的？"瓦尔特向长机简要解释他的战术，然而加兰德对此不以为然："这只是碰运气，霍顿。也许你能靠这种战术蒙上一两架，但是其他人要这么干那只能是浪费弹药。你还没有跟其他人说起这套战术吧？"瓦尔特回答道："没有，长官。起码到现在为止没有。"随即加兰德再三叮嘱瓦尔特，务必对队友守口如瓶，因为最适合正常水平飞行员的战术就是他大力推崇的近距离开火射击。

稍后的战斗中，瓦尔特再次击落一架英军第 264 中队的无畏战斗机，带着两个战果胜利返航。

接下来的一个月时间里，瓦尔特在加兰德的带领下屡有斩获。8 月 31 日下午，JG 26 掩护 Do 17 和 He III 轰炸机空袭英国机场。加兰德少校和瓦尔特中尉这一对组合各自宣称击落 1 架喷火战斗机。9 月 7 日下午，瓦尔特在英国首都伦敦上空宣称击落 1 架喷火战斗机。9 月 15 日下午的泰晤士河口（Thames Estuary）空域，加兰德和瓦尔特各自击落一架英军第 310 中队的飓风战斗机。9 月 30 日下午，瓦尔特在吉尔福德（Guldford）空域宣称击落 2 架飓风战斗机。

不过 9 月过后，JG 26 收到命令：禁止部队的技术军官参与空战，瓦尔特由此永远告别了空中战场。根据 JG 26 的官方记录，瓦尔特总共

升空出击 45 次，宣称击落 7 架英军战斗机。这在动辄击落上百架战斗机的德国空军大王牌们面前看似不值一提，但这仅仅是瓦尔特在一个月的时间内以僚机身份于敌国腹地取得的成绩，实属难得。按照盟军的标准，瓦尔特已经是一名标准的王牌飞行员。可以想象的是，如果能够继续投身西线空战，瓦尔特势必能够取得更多战果。

德国军官和在法国战役期间被俘的喷火式战斗机的合影。

这一个月的战火洗礼中，英军敏捷、快速的喷火战斗机给瓦尔特留下极度深刻的印象。很快，瓦尔特在战场之外得到了更多与喷火战斗机打交道的机会——法国战役期间，一架喷火式战斗机在法国机场的地面上被子弹击穿轮胎和油箱，无法升空撤回英国，该机便完整无缺地落入 JG 26 手中。瓦尔特联系雷希林（Rechlin）的德国空军测试中心，将该机送回德国本土，得到彻底修复后对其展开飞行测试。他在回忆这段经历时表示：

这架飞机恢复到飞行状态，进行了测试。后来，我开着它和两架 Fw 190 一起升空试飞。在模拟空战中，我用了不到 3 分钟的时间就把两架 Fw 190 全部"击落"了。两名飞行员都大吃

一惊。我发现喷火是一架机动性非常优异的飞机，我告诉所有的飞行员对它们要特别小心。在模拟空战中，为了击落那两架 Fw 190，我玩了几个空战特技。"喷火"的性能让我非常振奋，我相信如果英国飞行员们能获得比德军更好的训练，那么在不列颠之战里头就有更多的德国飞行员失去他们的生命。因为那些英国飞行员在空战中几乎都不做什么特技动作，所以他们没有把飞机的性能发挥出来。那真是一架杰出的飞机……

以瓦尔特的观点，"喷火"系列是一款极为优秀的高空战斗机，低翼载荷的特性使其拥有出色的机动性。他开始萌发出一个念头：研发一种性能压倒所有对手的王牌战斗机——飞翼战斗机！然而，瓦尔特这个极端前卫的想法并没有得到朋友的支持，他回忆道：

加兰德对我的飞翼战斗机概念没有兴趣，我没办法向他推销它的高性能潜质。我的弟弟雷玛尔也一样，他更热衷于滑翔机和动力滑翔机。但是，我在 1940 年也能强烈感觉到美国人一定会参战，如果我们要打赢这场对美国人的战争，我们还缺一款具备这种能力的战机。

瓦尔特首先设法争取雷玛尔的支持。在不列颠之战期间，他只要一有机会便前往不伦瑞克，与弟弟交流英吉利海峡上空的战事细节、推敲未来飞翼机的研发。这时候，霍顿兄弟均拥有相当的 Bf 109 飞行经验，以他们的设想，未来的制空战斗机应该是配备两台推进式活塞发动机的飞翼机，这种设计的突出优势是翼载荷低、在所有的空域的性能优良，必将取代 Bf 110 在德国空军中的位置。确定目标后，雷玛尔在制造 H IV 模型的同时开始着手勾勒这架全新飞翼战斗机的设计草图。

在 1940 年的这个夏天，不列颠之战最激烈的时节，大量德军武器设备聚集在法国西北的海岸线上，等待入侵英国的"海狮计划"开始。在战局的推动下，雷玛尔得到上级机构的批准，在不伦瑞克将飞翼滑翔机改装为运送弹药的载机，供空降猎兵（Fallschirmjäger）在未来的空降英国作战中使用。为此，霍顿兄弟先前在不同场地制造的 5 架 H III b 和 2 架 H II L 被征集到不伦瑞克的瓦格姆（Waggum）机场，和 8 架德国滑翔机研究所的"卡拉尼奇（Kranich）"滑翔机一起进行改装。

用以运输弹药箱的 H III b。

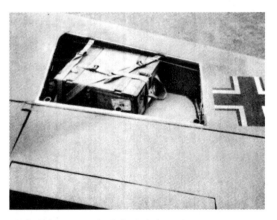

弹药箱在 H III b 机翼中的储存位置。

与"卡拉尼奇"相当，第一架改装完成的H III b 的正中机舱可以承载 200 公斤的负载，机翼之内还可以安置 4 组 50 公斤的标准弹药箱。满载弹药的条件下，H III b 的起飞重量翻了一番，不过由于载荷是沿着翼展方向均匀分布、受力均衡，机翼的结构无需额外加强。在满载试飞中，雷玛尔发现 H III b 在额外承载数百公斤配重后，居然飞行品质有所提升，这一点让他颇感意外。

不伦瑞克滑翔机学校的指挥官对 H III b 改装的结果非常满意，批准雷玛尔继续进行改装工作。在雷玛尔的建议下，其余飞机改装的合同交由明登（Minden）的佩施克飞机制造厂（Peschke Flugzeugbau）进行。该企业的所有者奥托·佩施克（Otto Peschke）在第一次世界大战时是一名战斗机飞行员，在 1927—1928 年，他在波恩的汉格拉尔机场担任飞行学校的教员，因而堪称霍顿兄弟多年的老相识。佩施克飞机制造厂的前身是一间家具加工厂，当时正进行轻型飞机的维修和 Fw 190 副翼的制造，因而其木工工艺水准能够满足霍顿飞翼的需求。从这个项目开始，雷玛尔在相当长一段时间内以明登为驻地展开飞翼机的制造工作。

随后，2 架 H II L 被雷玛尔替换为 H III b，使德国空军拥有 7 架规格统一的飞翼滑翔机可以投入实战。

1940 年 12 月，雷玛尔在不伦瑞克的无动力滑翔运输机训练完成。此时，飞翼滑翔运输机的改装也接近完工，但随着德国空军在不列颠之战中的惨败，入侵英国的"海狮计划"已经被无限期搁置。

年底，滑翔机学校被迁移至科尼斯堡-诺伊豪森（Königsberg-Neuhausen），雷玛尔在新校区担任助理技术军官及夜战飞行教员的职务。沙伊德豪尔也跟随一同前来，在参谋部任职。

雷玛尔（右）在科尼斯堡-诺伊豪森的滑翔机学校办公室中。

到这一阶段，雷玛尔已经完成了 H IV 机身中段的全尺寸模型。新的环境中，雷玛尔征集到足够的人手，全力以赴地制造他的这架秘密飞机。这一阶段加入的人员中，滑翔机飞行员沃尔特·罗斯勒（Walter Rösler）也参加过埃本·埃马耳要塞奇袭战，同样获得一级铁十字勋章的奖励，他将在未来成为霍顿兄弟团队的维护主管。

1941 年 5 月，雷玛尔的 H IV 完工。与 H III 相比，H IV 的翼弦更短，展弦比提升了一倍。为了解决"中段效应"，雷玛尔再次采用抛物线的翼面，应用在机翼的后缘形成类似蝙蝠翅膀的醒目弧线。该型号的

沃尔特·罗斯勒，胸口佩戴着埃本·埃马耳要塞奇袭战的嘉奖：一级铁十字勋章。

升降副翼被分成三段，各采用不同的扭转角度以保证机翼的负扭转。阻力舵的设计延续霍顿飞翼的传统，安装在机翼上下表面。同时，为了配合滑翔阶段的控制，该型号之上安设有阻流板。H IV 一个极其突出的特性是外翼段非常薄，因而必须采用镁合金材料以保证足够的强度。

停放在地面上的 H IV。

海因茨·沙伊德豪尔在 H IV 驾驶舱中就位。

飞行中的 H IV。

和 D-30 滑翔机比翼齐飞的 H IV。

在这款滑翔机之上，雷玛尔再次采用半俯卧式驾驶舱，飞行员的脊柱与水平面大致呈 30 度角，能一定程度上缓解颈部的疲劳程度。气泡状座舱盖位于机翼上方，刚好容下飞行员的头部和上半身，而飞行员的下半身则安置在机翼后下方的一个"龙骨"式机身当中。机身下方配备弹簧悬挂的滑橇，机头前方的滑橇可以调节，并配备一个可在牵引升空后抛弃的起落架轮，以雷玛尔的估算，该设计优于在崎岖表面上表现欠佳的自行车式起落架。

随后在科尼斯堡-诺伊豪森机场，H IV 由沙伊德豪尔驾驶，借助滑翔机学校的 He 46 牵引机拖曳升空。在试飞中，H IV 机出现机翼震颤的症状，但其表现仍足以使其跻身 40 年代初的最佳滑翔机队列。

沙伊德豪尔对该机的优异性能欣喜若狂，宣称这是有史以来最优秀的德国滑翔机。雷玛尔则满怀信心地公开宣称："如果 1941 年的伦山滑翔机大赛召开，这架飞翼机会力压群雄。"不过，由于入侵苏联的东线战争影响，伦山滑翔机大赛从 1941 年开始便停止举办，一直等到 80 年代后的柏林墙倒塌。同样在 5 月，在德国境内进行的一次滑翔机对比评测中，达姆施塔特的 D-30 滑翔机拔得头筹，而第二名正是霍顿兄弟的 H IV 机。

作为前后追随雷玛尔近 20 年，试飞过他几乎所有设计的资深试飞员，沙伊德豪尔始终认为 H IV 是最优秀的霍顿兄弟飞翼。不过，雷玛尔没有满足于 1941 年的这个成就。为了夺得"最佳滑翔机"的桂冠，他进一步展开酝酿已久的 H VI 设计，其展弦比高达 32，在其他飞机厂商的眼中几乎是不可理喻的疯狂。瓦尔特也认为 Ho VI 的项目过于激进，不过雷玛尔坚持 H VI 是为后续研发进行的必要探索。

第 3 监察特遣队的秘密喷气机

临近夏天，为避开东线的"巴巴罗萨"行动，雷玛尔的滑翔机学校再一次迁移到美茵河畔法兰克福（Frankfurt-am-Main）。在这一阶段，霍顿兄弟的飞翼机事业得到一个始料未及的推动。这一切始于 4 月，瓦尔特在 JG 26 接到一个来自柏林的电话："霍顿，我要在这里为所有的战斗机联队建立一个参谋部，我这里没有懂技术的人员，你能来帮我一把吗?"电话的另一端，瓦尔特在 JG 134 的老上级、原联队长库尔特·伯特伦·冯·多林已经晋升至少将军衔，就任战斗机部队总监（Inspekteur der Jagdflieger）的职务，负责战斗机部队的战备、训练和战术监督。在 JG 134 担任联队长期间，多林已经注意到瓦尔特与普通飞行员有着明显区别，这位从伦山滑翔机大赛成长起来的高个子飞行员具备相当的飞机设计和制造经验。此外，多林对瓦尔特后来在 JG 26 担任技术军官时的表现也有了解，因而当他收到就任战斗机部队总监的命令时几乎马上就想到了瓦尔特。

瓦尔特意识到这次调动是一个千载难逢的机会：他有机会接近德国空军的领导层，运用官僚机构的力量实现自己在不列颠之战中萌发出来的梦想，也就是把大马力发动机、大威力加农炮安装到飞翼之上，打造一架远航程、高机动、重火力的完美战斗机! 因而，瓦尔特决定加入多林的部门。在走马上任之前，瓦尔特

前往雷玛尔的滑翔机学校，两人进行了一次热烈的讨论。本质上，雷玛尔更热衷于高性能飞翼滑翔机的研发，而作为参与过不列颠之战的王牌飞行员，瓦尔特深切感受到德国空军实力不足，而飞翼战斗机将成为扭转战局的关键。因而，霍顿兄弟的理念在最初阶段便存在着微妙的差异，不过两人均认为瓦尔特的工作调动对自己的飞翼机事业大有裨益，未来的合作战略由此确立。

库尔特·伯特伦·冯·多林的晋升使瓦尔特获得接近德国空军高层的机会。

1941 年 5 月，瓦尔特将 JG 26 的工作交接完毕，随后前往柏林，向多林少将报到后进入德国空军第 3 监察部（Luftwaffen-Inspektion 3，缩写 L In 3）担任技术顾问。根据上级安排，瓦尔特负责检查各战斗机部队的整备状况以及新型战

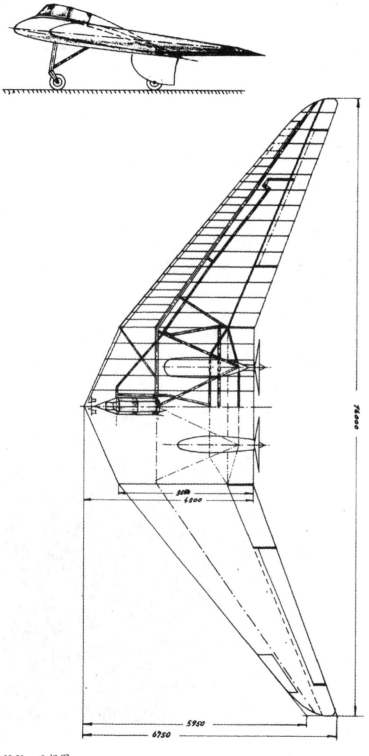

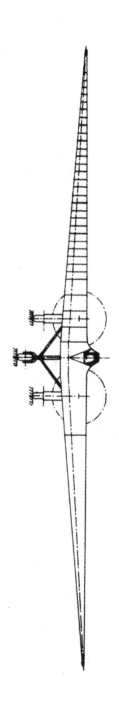

ＨＶｃ三视图。

斗机的研发进度。

这个特殊岗位在瓦尔特面前打开了一个新世界的大门，展现出德国航空工业的最新前沿技术动态，包括绝密的 Me 163 火箭截击机、Me 262 喷气式战斗机在内的一系列最新装备。

瓦尔特迅速找准了自己和雷玛尔在诸多德国飞机厂商中的定位，推进自己的飞翼战斗机研发。他首先想到 H Vb 号机，在两年前没有引起任何反响的展示飞行过后，该机便停放在室外场地无人问津，其结构已经开始受到损坏。瓦尔特认为如果将这架飞机的双座驾驶舱改为单座布局，有可能成为一款胜过现役其他型号的优秀飞翼战斗机，最终说服德国空军高层。

于是，瓦尔特设法从乌德特处申请到一道亲笔签名的调令，将雷玛尔、海因茨·沙伊德豪尔和其他几名技工从滑翔机学校调拨至明登的一个机库，负责将 H Vb 的损伤修复，再将其改造为单座型的 H Vc。

雷玛尔负责该型号的图纸设计，其动力系统继承自先前的 H Va，为希尔特公司 79 马力的 HM 60R 活塞发动机。这一次，而改装的合同依然交由明登的佩施克飞机制造厂进行。

在与乌德特办公室打交道的过程中，瓦尔特与女秘书长冯·德·格罗本(von der Groeben)的关系越发密切。通常而言，对于瓦尔特提出的工作方面需求，格罗本会在电传打字机上录入，再请乌德特审核后签名发送。如果乌德特不在办公室，格罗本可以直接代签发送，具有同样的效力！

于是，瓦尔特在格罗本的帮助下神不知鬼不觉地建立起一支秘密部队：第 3 监察特遣队(Sonderkommando L In 3)。对外界人员，这个番号可以解释为该部直属于瓦尔特的德国空军第 3 监察部。至此，明登机场的霍顿兄弟飞翼研发团队便有了名正言顺的德国空军编制。该部由

少尉军衔的雷玛尔领导，而瓦尔特负责为其对接和德国空军之间的日常事务。

随着对日常工作的逐渐熟悉，瓦尔特发现一个极为重要的事实：在纳粹党高压控制下的第三帝国，几乎没有人胆敢质疑官方文件的权威。对于霍顿兄弟来说，如果飞翼机项目需要人员、材料、设备、工作厂房的调拨，只需要发送一份官方电传文件，再标注上"绝密"即可——而这正是瓦尔特职位的特权！

要进行这一番秘密操作，最关键的人物也许是乌德特的女秘书长冯·德·格罗本。这位被战后盟军情报部门形容为"极端聪慧"的女性负责审核第 3 监察特遣队提交的"绝密"电传文件，再将霍顿兄弟的需求提交至帝国航空部的高层机构。霍顿兄弟和帝国航空部的这一条连接管道非常顺畅，以至第 3 监察特遣队挂着军方单位的头衔如鱼得水地运作了相当长的一段时间，没有任何高层领导提出异议。

乌德特的女秘书长格罗本，对霍顿兄弟的秘密计划至关重要。

这年秋天，雷玛尔带着自己的飞翼机照片前往哥廷根拜见普朗特教授，向其介绍自己正在进行的研发项目，希望能够获得空气动力研究所方面的支持，即使用风洞对飞翼机的模型展开吹风测试。普朗特一张张端详着照片，表现出极大的兴趣，但他最后还是语气颇为遗憾地对雷玛尔说："很抱歉。我是这里的主管，但我没有权限做这件事情。在柏林，一个专门的机构管理着这一切，他们会提前几个月规划好德国境内所有风洞的工作计划。我受命遵照他们的指示行事。"在当时的德国航空业界，虽然霍顿兄弟已经堪称颇有成就的少年英才，但在同行面前，他们仍然缺乏足够的资历。不过，普朗特教授对他们的看法即将发生彻底改变。

从1941年下半年开始，维尔纳·莫尔德斯（Werner Mölders）上校接任多林少将担任战斗机部队总监。随后，一连串变故接踵而来：11月

17日，乌德特在强大的战局压力下饮弹自尽，随后莫尔德斯上校从前线搭乘专机赶回柏林参加乌德特的国葬时由于飞行事故丧生。接下来，新任战斗机部队总监走马上任，瓦尔特的领导又换成一位老熟人——JG 26时期的联队长兼长机阿道夫·加兰德。此后，乌德特的前秘书长冯·德·格罗本依然在德国空军高层中担任要职，为霍顿兄弟团队提供秘密支持。

在明登机场将双座的H Vb改装为单座的H Vc的同时，雷玛尔开始考虑基于H V系列的另一种改型，即H VII。该型号的翼展和H Vc相同，不过重量增加200公斤，配备两台236马力的阿格斯（Argus）公司As 10SC活塞发动机驱动推进式螺旋桨，动力提升200%。

按照雷玛尔的设计，H VII配备两名机组乘员，其座椅呈纵列安置在机身中段主梁的前方。飞机采用前三点起落架，机头的双轮起落架向

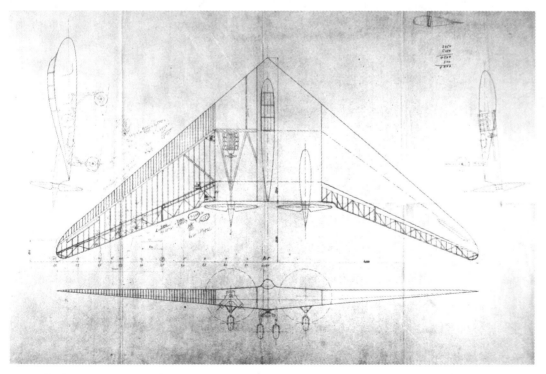

H VII 三视图。

后收起，后侧的主起落架旋转 90 度后收入机翼下方。

最开始，该型号的方向控制通过阻力舵实现，在研发过程中，霍顿兄弟尝试一种新的控制设备，即舌形侧舵(Zungenseitenruder)。该设备本质上为一段延伸出翼尖的木质翼面，通过滚珠轴承沿着翼展方向滑动。不过，通过进一步的试验，霍顿兄弟发现该设备并不实用，于是重新采用阻力舵的控制方式。

通过一番内部操作，瓦尔特为 H VII 争取到 8-254 的德国空军官方编号，由他的第 3 监察特遣队负责研发。同时，该部也承担飞机木质外翼段的制造工作。此外，该型号的机身中段交由明登的佩施克飞机制造厂制造，为全金属结构，框架由不锈钢管制造，蒙皮为硬铝质地。多年后，雷玛尔是这样回忆 H VII 项目的启动：

瓦尔特开始从德国空军和帝国航空部里头他能接触的资源搞来各种发动机、木材、金属、设备、燃油箱、起落架。这是一件大工程，瓦尔特尤其擅长干这种工作。瓦尔特总是把他的活动标为秘密，所以如果有人注意到、问我们这是干什么用的，我们就可以回答说它的细节是秘密，我们一个字都不能吐露！

在这一阶段，德国空军开始寻求一架合适的飞行试验载机以测试阿格斯公司的新型脉冲发动机——它将在未来成为 V-1 巡航导弹的动力。瓦尔特认为这是将 H VII 推销给德国空军的机会，随即和雷玛尔推敲将该型号改装为脉冲发动机载机的可能性。按照他的设想，脉冲喷气发动机安装在两副推进式螺旋桨之间。如果飞行中出现事故，螺旋桨可以顺桨，更可在弃机跳伞之前抛弃以保证飞行员的安全。

不过，在设计的过程中，雷玛尔发现脉冲发动机的启动需要飞机具备足够的初始速度，这意味着 H VII 需要助推火箭的配合方能起飞升空——未来的 V-1 巡航导弹更是需要一整套复

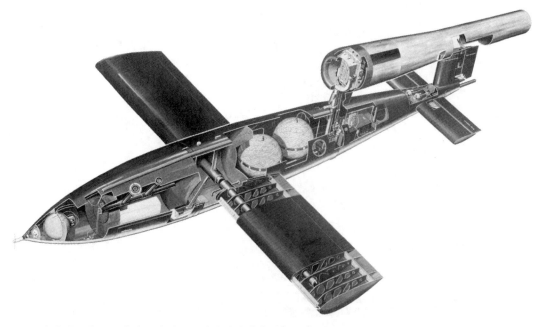

V-1 巡航导弹，霍顿兄弟曾经计划用该型号的脉冲发动机配备 H VII。

杂的固定发射架系统。这一切，对于年轻的设计师和制造厂商而言都是过于高昂的开发成本。大致与此同时，瓦尔特从阿格斯公司的技术人员得到一个坏消息：脉冲发动机的震动过于剧烈、噪音太强，会影响飞行员的生理健康。经过权衡，霍顿兄弟最终放弃脉冲发动机版 H VII 的研发计划。

秋季，瓦尔特驾驶着多林少将的 Bf 108 专机，带领雷玛尔前往波罗的海上与世隔绝的乌泽多姆（Usedom）岛，进入德军秘密的佩内明德（Pennemünde）武器试验场观摩一款绝密战机的试飞。这就是霍顿兄弟的前辈——亚历山大·利皮施在加盟梅塞施密特公司后研发成功的 Me 163 A 型火箭截击机。该型号堪称利皮施多年无尾飞机研究的心血结晶，依靠火箭动力获得世人无法想象的高速度和爬升能力。

10 月 2 日，试飞员海尼·迪特马尔（Heini Dittmar）驾驶 Me 163 A 的 V4 原型机，由 Bf 110 牵引机拖曳升空。抵达约 4000 米高度后，迪特马尔松开挂钩，启动火箭发动机。Me 163 后方的尾喷管喷吐出明亮的火舌，推动飞机向前越飞越快。转眼之间，V4 原型机成为人类历史上第一架突破 1000 公里/小时速度大关的飞行器，达到 1003.67 公里/小时的惊人高速，相当于 0.84 倍音速。最后，迪特马尔成功驾驶 V4 原型机降落回地面，现场一片欢腾。由于整个 Me 163 表现出色，利皮施和迪特马尔等人齐齐被授以李连塔尔奖（Lilienthal Diploma）。

地面上，霍顿兄弟和多名德国空军高层人员一起目睹这历史性的一幕，他们围拢在 Me 163 A V4 原型机周围仔细观摩。当雷玛尔发现 Me 163 的机翼竟然和自己的 H 系列飞翼一样全部由木材制成时，感到深深的震惊。

在这一年中，瓦尔特争取到了亲自驾驶 Me 163 的机会，尽管这只是一次没有使用火箭发动机的滑翔飞行。一架 Bf 110 牵引机将 Me 163 和驾驶舱内的瓦尔特拖曳至高空，达到既定高度后瓦尔特松脱挂钩，驾驶飞机自由滑翔而下。这次体验总体而言相当顺利，瓦尔特对 Me 163 的操纵性和飞行性能极为满意。

之后，霍顿兄弟反复讨论利皮施的这架创纪录的新飞机。此时，两兄弟已经将利皮施视为自己的竞争对手，一心要制造出比对方的无尾机更为出色的飞翼机。不过，瓦尔特梦寐以求的是一架划时代的飞翼战斗机，而雷玛尔只是一心要在利皮施之前让自己的飞翼闯过音障，成为世界上第一架超音速飞机。

霍顿兄弟知道 Me 163 整体设计使其寄生阻力极小，配备火箭发动机之后的速度优势明显。与之相比，自己的飞翼机难以赶超。不过，液体火箭动力的缺点在于航程短、安全性差。另一方面，霍顿兄弟了解到多个厂家的涡轮喷气发动机正处在研发阶段，如果能够配备在飞翼机之上，完全有机会发挥出升阻比高的优势，制造出一款超过 Me 163 的远程飞机。很快，霍顿兄弟便定下未来数年研发

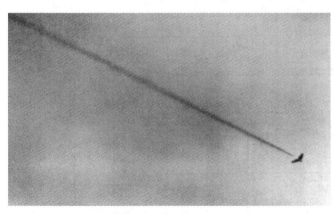

Me 163 A V4 原型机高速掠过佩内明德西机场的壮观场面，这架飞机给予霍顿兄弟极大的震动。

的重心——配备涡轮喷气发动机的飞翼战斗机。为了使飞机获得足够的动力和安全系数，它将采用双引擎设计。在这个项目中，两兄弟分工合作：瓦尔特负责获取涡轮喷气发动机的设计资料以及实物，雷玛尔则主攻设计研发。

最开始，雷玛尔对于涡轮喷气发动机缺乏足够的认识，完全不熟悉这类新动力的几何尺寸、重量、工作原理、输出推力、燃油类型及其消耗率，因而系统性的设计无从展开。

凭借着德国空军第 3 监察部的特殊岗位，瓦尔特逐渐深入到德国境内各个厂商尚且处在绝密研发阶段的涡轮喷气发动机项目中。刚刚进入帝国航空部，瓦尔特就频频接触到 BMW 公司主管喷气式发动机研发的赫尔曼·奥斯特里奇(Hermann Oestrich)博士，其办公室便位于不远的柏林-施潘道(Spandau)。纳粹德国的喷气时代之初，帝国航空部和三家发动机厂商签订了最早四款涡轮喷气发动机的秘密研究合同，BMW 公司负责其中两款——BMW 002 和 BMW 003。瓦尔特从奥斯特里奇博士口中得知，BMW 002 的研发进度较快，而且比其他发动机的直径更小，可以直接安装在飞翼机的机翼之中。

因而，瓦尔特决定选择 BMW 002 作为霍顿兄弟喷气式飞翼战斗机的动力。他以德国空军第 3 监察部的名义，煞有介事地通知奥斯特里奇博士：德国空军已经命令霍顿兄弟制造一架喷气式飞翼机，该型号将采用 BMW 公司的涡轮喷气发动机。瓦尔特表示，一份军方文件将直接下发给奥斯特里奇博士。对于这一系列言之凿凿的"官方指示"，奥斯特里奇博士表示全力支持。不过，到 1941 年底，BMW 002 发动机的研发仍然处在技术攻关阶段，霍顿兄弟还要在

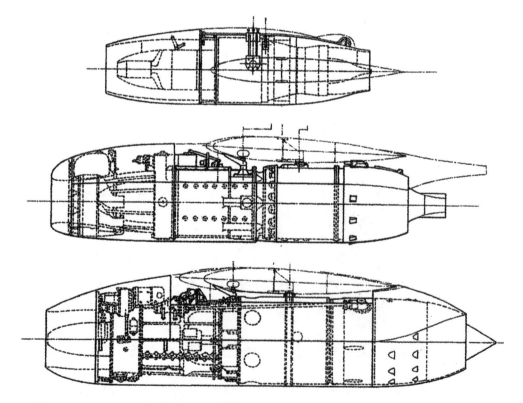

霍顿兄弟的喷气式飞翼战斗机先后涉及的几款引擎对比图，从上至下分别为 BMW 002、BMW 003 和 Jumo 004。

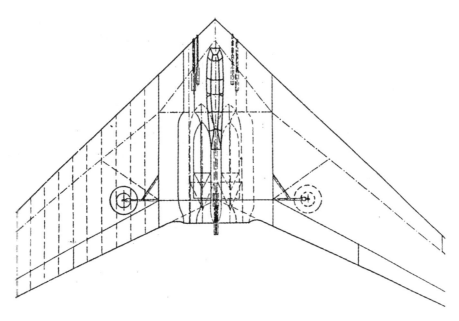

1941 年，雷玛尔的喷气式"快速战斗机"设计稿局部。

"快速战斗机"缩比木制模型。

缺乏发动机资料的前提下继续展开他们的喷气飞翼设计工作。

根据雷玛尔最初的构思，喷气飞翼最稳妥的设计方案是在 H VII 的两台活塞式发动机之间吊挂一台喷气式发动机。不过，根据他的测算，该设计将造成飞机结构应力过大，而且一个显而易见的缺点是吊挂在机翼下方的喷气式发动机极其容易吸入跑道上的灰尘、碎石以及杂物。因而雷玛尔调整思路，将其作为 H VII 的喷气动力升级版进行设计：两台 BMW 002 发动机取代原有的活塞式发动机、一左一右地安装在机身之内，发动机喷口处在飞翼的正后方。

该型号的机翼后掠角略为加大，不过同样采用背靠背布置的双人驾驶舱，后方乘员负责操纵防御机枪。霍顿兄弟将该型号称为"快速战斗机（Schnell-Kampfflugzeug）"，并完成最早的三视图，制造出一个缩比木质模型。

经过进一步测算，雷玛尔发现 H VII 的机体难以承受两台喷气式发动机的强劲动力。两兄弟决定彻底跳出 H VII 的框架，转而开始设计一款全新的喷气式飞机战斗机——H IX。

哥廷根的地下工作

随着研发的进行，明登的机库车间逐渐容纳不下第 3 监察特遣队的人员、设备以及制造出来的飞机。为此，雷玛尔和瓦尔特一起着手寻找更大的空间。在哥廷根机场，霍顿兄弟发现多个空闲的机库，认定这正是他们需要的场地。于是，通过瓦尔特在帝国航空部内发布的"绝密"电传文件，哥廷根机场的空闲场地被神不知鬼不觉地征调，专供第 3 监察特遣队使用。

哥廷根机场，瓦尔特正在和一名官员在商议，他身后这座巨大的机库被征用作为第 3 监察特遣队的车间。

至此，霍顿兄弟便同时拥有哥廷根和明登两个工作地点。从 1941 年 11 月 15 日开始，包括地勤主管沃尔特·罗斯勒在内的部分第 3 监察特遣队人员开始转移至哥廷根，安置在哥廷根机场南端的一个"帝国高速公路车间

（Reichsautobahnmeisterei）"，距离通往城区的高速公路大约 100 米距离。工作区域包括一间机库、一间制图室、机械以及木工车间等。

1942 年 3 月，雷玛尔抵达哥廷根。H VII 的开发过程中，机场方面慷慨大度地调拨大量技术工人加以支持。不过，霍顿兄弟没有任何资金可以动用。所有需要的材料和资金都是瓦尔特借助自己的人脉，在德国空军内部庞大复杂官僚机构之中经过一系列精心运作而来。

总体而言，新驻地让霍顿兄弟感到如鱼得水，雷玛尔认为哥廷根正是制造瓦尔特梦想中的完美飞翼战斗机的合适场所。在瓦尔特的努力下，雷玛尔避开了被送往伞兵部队服役的苦差事。在这里，霍顿兄弟团队得以和哥廷根的空气动力研究所紧密地联系在一起，随时获得最新的航空科技动态。此时，这支小部队获得了从其他单位征召军人的权限，多名具备滑翔机驾驶经验或者飞机制造经验的人员被吸收进第 3 监察特遣队。例如，波恩市的同乡弗朗茨·贝格尔（Franz Berger）从 H III 的阶段便开始接触霍顿飞翼机的制造，他最终加入霍顿兄弟的团队成为一名制图员。另外，一位名叫卡尔·尼克尔（Karl Nickel）的 18 岁士兵负责对大部分霍顿飞翼进行空气动力学和机身应力计算，验证其飞行性能，他将在未来和霍顿家的小女儿古尼尔德结为连理。

依靠第 3 监察特遣队的编制作为掩护，霍顿兄弟悄无声息地展开自己的研发工作。随着飞翼机研发的顺利推进，雷玛尔也有了充分的时间，能够从设计工作中抽身而出，前往哥廷根大学继续深造数学。

瓦尔特和雷玛尔在哥廷根的合影，背景中的两架飞翼机，前方的为 H Ⅲ b，后方的为 H Ⅱ L。

1942 年 3 月 26 日，雷玛尔在"快速战斗机"的三视图基础上用铅笔勾勒出 H Ⅸ 的设计要点——机身中心段后缘增设一段霍顿兄弟标志性的"蝙蝠尾"，使其拥有一个非常优雅流畅的轮廓。

原始的"快速战斗机"后掠角较大，后来雷玛尔经过计算，认为该角度气动性能欠佳，便将其更改为较小的后掠角。最初 H Ⅸ 的驾驶舱改为单人，不过其后延的背鳍结构一直延伸至机尾，这一点与 H Ⅶ 较为类似。基于现有的 BMW 002 发动机资料，雷玛尔完成 H Ⅸ 的第一版图纸。随后，霍顿兄弟团队的主力焊工汉斯·文策尔（Hans Wenzel）开始将多段钢管一一焊接而起，着手制造 H Ⅸ 的第一版机身中段结构。

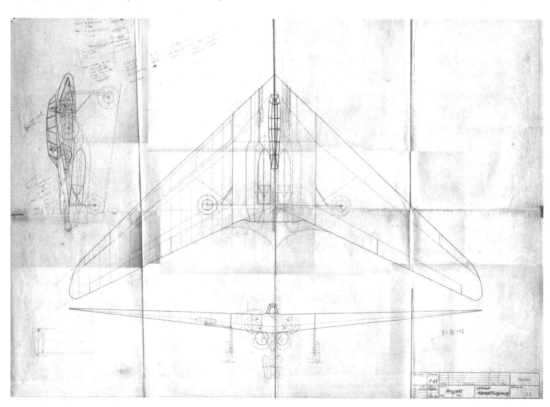

1942 年 3 月 26 日，雷玛尔用铅笔在"快速战斗机"三视图的机身中心段后缘勾勒出一段霍顿兄弟标志性的"蝙蝠尾"。

随后，BMW 公司决定全力发展 BMW 003 发动机，BMW 002 发动机项目被迫中止。瓦尔特通过一系列德国空军官僚机构的运作，动用德国空军第 3 监察部内部的秘密研发账户资金向 BMW 公司的柏林

霍顿兄弟团队的主力焊工汉斯·文策尔。

施潘道工厂订购两台 BMW 003 发动机。当时，该型号正处在技术攻关阶段，尚未投产，瓦尔特只能拿到两截和 BMW 003 尺寸相同的金属管，作为等比模型展开喷气动力版 H IX 的研发工作。值得注意的是，此时的霍顿兄弟对 BMW 003 实际的管线接口等数据仍然一无所知。

围绕着这两台"BMW 003"，雷玛尔重新审视自己的 H IX 图纸，他发现这款新发动机的直径比先前的 BMW 002 明显加大，已经无法安装在文策尔制作的机身中段结构之上。此时，从 H II 开始的机身中段结构设计充分暴露出先天不足：纵横交错的钢管结构极大地制约了机身的内部空间；哪怕进行最小程度的调整，都必须重新设计大量钢管的长度和布局，拆除原有钢管之后将切割和焊接工作重复一次，工程量极大。换言之，霍顿飞翼机设计的核心缺陷是特定部件的调整往往导致整个布局的全盘修改，这一点在战争结束前没有任何改善的余地。

为节约工作量，雷玛尔决定将现有的这架 H IX 改造为无动力的原型机，对气动性能设计进行先期验证。同时，他将基于这两截金属管重新设计第二版 H IX，工作重点主要为机身中段结构的调整，重新布设错综复杂的钢管焊接。

不过，此时的雷玛尔不了解的是，未来的喷气式发动机尺寸规格还会有多次变动，痛苦而又折磨的机身中段结构设计工作还将一而再、再而三地重复。

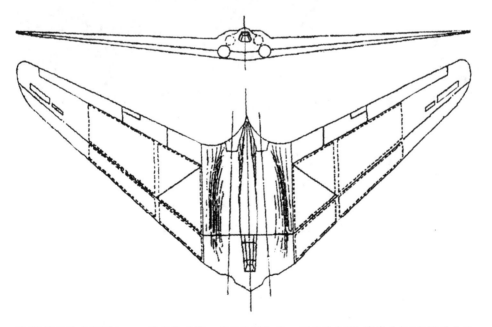

H IX 最早的三视图之一，座舱盖后缘一直延伸到机尾，可以看出"快速战斗机"的设计传承。

一台量产型 BMW 003 A 发动机。

1942 年晚春，明登机场 H Vc 的改装任务完成，并在 5 月 26 日成功首飞。当年秋天，瓦尔特亲自驾驶 H Vc 从明登飞到哥廷根，并随后接替雷玛尔成为第 3 监察特遣队的指挥官。

数学功底深厚，被技术人员们称为"人肉计算尺"——他随身携带一把计算尺，一有时间就掏出来计算下一款飞翼机设计的数据。雷玛尔对自己的理论和经验持有绝对的信心，从一开始

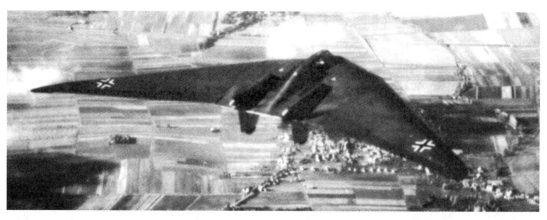

飞行中的 H Vc。

工作步入正轨之后，哥廷根的设计团队对两位核心人员逐渐有了更多的了解，他们感觉到霍顿兄弟是截然不同的两个人。

年仅 26 岁的雷玛尔是和设计师们朝夕相处的设计师，平易近人，很快和团队打成一片。入夜，哥廷根的戒备松弛时，雷玛尔甚至带着设计师们偷偷溜进机场的仓库中，心情愉快地搜刮各种补给品。为此，团队中所有人都非常喜欢雷玛尔。在工作方面，雷玛尔天资聪慧，

便全盘掌控所有飞机的设计，对于手下的设计师，他仅仅是指导其如何进行具体设计，从未让他们深入思考整架飞机的主旨。如果技术人员需要提出任何对设计图纸的修正和改善意见，都必须字斟句酌地把握好措辞，否则雷玛尔会将其视为对自己的批评和冒犯。

与之相比，瓦尔特身材高挑，相貌英俊，平日里军服笔挺不苟言笑，大部分时间待在柏林的帝国航空部办公室当中，在德国空军高层

第3监察特遣队核心人员和家人的有趣合影：左侧2人为沙伊德豪尔夫妇，右侧2人为瓦尔特和格罗本夫妇，中间稍显尴尬的是一心钻研飞翼机设计的单身汉雷玛尔。

中拥有广泛的人脉。这一切让哥廷根的技术人员们感觉到瓦尔特天生属于另一个更高的阶层，而雷玛尔是"自己人"。实际上，瓦尔特是霍顿兄弟团队的真正领军人物，正是他利用自己在德国空军中的特殊地位一手建立了第3监察特遣队。对外，瓦尔特竭力掩盖这支小团队活动的痕迹，并通过德国空军的官僚机构为其争取各种材料、资金和人力资源——正因为瓦尔特顶住了来自外界的所有压力，雷玛尔方能心无旁骛地专注于飞翼机的设计工作。对内，瓦尔特制定出团队的终极目标——高性能飞翼战斗机，并在各方面最大程度地配合雷玛尔的工作。对此，雷玛尔在战争结束后坦言："我必须说明的是，瓦尔特是这一切的领导者，是他主管了所有的事务。"

在瓦尔特的领导下，哥廷根的小团队运作得井井有条。所有的技术人员都安顿在一个巨大的兵营中，附属的厨房全天都备有热水和热汤。任何人感到疲惫或者饥饿，可以随时走进厨房，喝上一碗热腾腾的汤恢复体力。当个人工作告一段落时，技术人员便被安排回他的房间休息。由于安排得当，哥廷根的机库中二十四小时都有技术人员在岗，至于雷玛尔本人，工作到凌晨三点钟更是家常便饭。实际上，瓦尔特本人并非不食人间烟火的"上等军官"，他以自己的方式善待团队人员。例如，有人了解到苏联红军正在日渐逼近自己处在东线的故乡，担心家中父母的安全，瓦尔特便为他安排了一个返回家乡寻找合适木材的工作，使其能够与家人团聚。就这样，在两位霍顿兄弟的带领下，哥廷根的技术团队马力全开地向前推进飞翼机研发工作。

与 H Vc 平行，另一架霍顿动力飞翼同时处在制造阶段。一架 H III b 配备上一台 48 马力的瓦尔特-米克隆(Walter Mikron)发动机之后，升级为 H III d 动力滑翔机。该机在 1942 年 6 月 29 日完成首次滑翔试飞。由于留空时间长，该机极受海因茨·沙伊德豪尔等试飞员们的欢迎——因为德军的战时配给制度规定飞行员每天达到既定的飞行时数便可获得额外的口粮供应。为此，试飞员们经常在傍晚时分驾驶 H III d 升空试飞，留空时间达到四个小时之后方才降落，再心情愉悦地领取属于自己的额外口粮配给卡——通常是黄油。因而，这架飞机便获得了一个"黄油飞机(die Butterfliege)"的爱称。

不过，由于动力系统表现不尽如人意，H III d 将发动机更换为 64 马力瓦尔特-米克隆发动机之后，在 10 月完成第一次动力试飞。

对霍顿兄弟而言，H III d 的意义在于向世人印证飞翼概念的可靠性。空气动力研究所的主管、德国空气动力学的首席科学家路德维希·普朗特教授进行过一系列风洞测试，认为无尾飞机无法从失速中安全改出。为此，霍顿兄弟在 1943 年 2 月 27 日为路德维希·普朗特教授和其他空气动力学的科学家们安排了一场特殊的演示飞行。

当天，海因茨·沙伊德豪尔驾驶 H III d 动力滑翔机起飞升空，将飞翼俯仰操纵性突出的优势发挥得淋漓尽致。只见他驾驶飞翼机以 50 米高度飞过人群头顶，随后猛烈向后拉杆。顷刻之间，H III d 的机头拉起向上垂直爬升，同时速度迅速降低，有那么零点几秒钟时间，飞机几乎就是一动不动地悬停在半空中。看到这一幕，地面上的航空科学家们一个个惊骇不已：按照他们当时掌握的理论知识，飞机在这样的飞行姿态下必然失速转入尾旋坠毁，而沙伊德

前来观看 H III d 演示的路德维希·普朗特教授(蓄须长者)，左二为瓦尔特，右一为雷玛尔。

1943 年 2 月 27 日，海因茨·沙伊德豪尔驾驶 H Ⅲ d 动力滑翔机为路德维希·普朗特教授进行的演示飞行。

豪尔绝对不会有任何弃机跳伞的机会。

接下来，让科学家们无法置信的事情发生了：H Ⅲ d 号机一直保持着平衡，机头压低向前下方俯冲，画了一条优美的弧线之后在离地几米的高度改平拉起，继续正常飞行。这个千钧一发的惊险动作重复了三次，普朗特的心脏

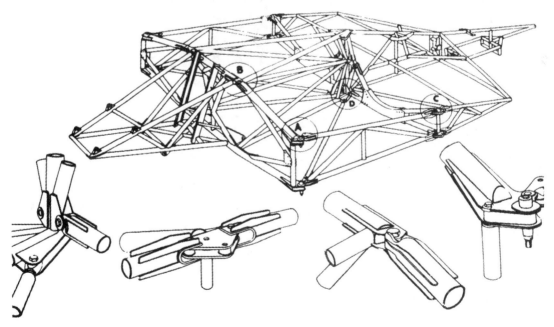

第二版 Ho Ⅸ 机身中段结构的设计图。

几乎无法承受住巨大的刺激，他一把抓住身边的雷玛尔，表示自己不想再看下去了，他要沙伊德豪尔立刻着陆。

随后，雷玛尔向惊魂未定的普朗特教授解释了飞机的设计，即机翼负扭转和升降副翼偏转差异的应用。这次演示之后，老教授被这位昔日身穿制服骑着摩托车到哥廷根大学旁听的学生上了一课。根据瓦尔特的回忆，普朗特教授随后修改了自己的理论，向航空业界收回了后掠翼容易导致失速尾旋的警告。

除此之外，霍顿兄弟团队还将继续研发出更多的 H III 改型，包括：H III e 动力滑翔机，动力系统改为马力偏小的"大众"气冷发动机，并采用折叠螺旋桨；H III f 滑翔机，由 H III b 改装半俯卧式座舱而来，作为飞行员适应 H IV 的过渡型号存在；H III g 教练机，使用 H III b 的机翼，增设一个机组乘员的位置；H III h，由 H III g 发展而来，用以测试后续型号的操纵面。

在第二版 H IX 设计之初，雷玛尔考虑过在一架 H VII 机身中心线下方悬挂一台 BMW 003 作为测试平台。不过其缺陷和最初的方案如出一辙：H VII 的机身强度不足以支撑高速飞行，而且下方悬挂的喷气发动机极有可能在滑跑时吸入杂物造成损坏。霍顿兄弟也曾构想将涡轮喷气发动机移到机翼正上方，但这个方案需要大量的设计作业和制造工作量。早在 1942 年 6 月，霍顿兄弟决定完全放弃 H VII 版喷气发动机测试平台的计划。

到 1943 年春天，第二版 BMW 003 动力 H IX 的制造正在持续进行。此时，BMW 公司负责涡轮喷气发动机项目的主管赫尔曼·奥斯特里奇博士给霍顿兄弟带来一个坏消息：BMW 003 发动机的生产延期，交货日期无法确定——霍顿兄弟的喷气式飞翼战斗机计划再次走进死胡同！

幸运的是，H IX 的动力系统还有另外一种选择——德绍（Dessau）的容克斯发动机公司（Junkers Motorenwerke）中，另一款涡轮喷气式发动机 Jumo 004 已经接近量产阶段。

对于这款 Me 262 战斗机的正选动力系统，霍顿兄弟有着一定程度的了解。在 1942 年 1 月，第五台 Jumo 004 A-0 原型机刚刚完成 1000 公斤推力/10 小时连续运转，当时瓦尔特就已经得到了该型号的若干数据，清楚这是一款与 BMW 003 旗鼓相当的新型涡轮喷气发动机。到 1942 年 7 月 18 日，两台 Jumo 004 A-0 驱动梅塞施密特公司的 Me 262 V3 原型机完成历史性的全喷气动力首飞，更是令这款全新引擎在帝国航空部之内引起广泛关注。

容克斯公司涡轮喷气式发动机项目的主管安塞尔姆·弗朗茨，他向霍顿兄弟隐瞒了 Jumo 004 研发过程当中的技术困难。

霍顿兄弟没有迟疑，前往容克斯公司总部会见涡轮喷气式发动机项目的主管安塞尔姆·弗朗茨（Anselm Franz）博士，向其询问获得 Jumo 004 的可能性。

一见面，弗朗茨博士就向两位年轻的军官大吐苦水，他声称自己手中一共只有 12 台 Jumo 004 发动机，其中两台在一次 Me 262 飞行事故中被完全烧毁，另外还有两台损坏。弗朗茨博士表示喷气发动机产量少的原因是资源匮乏：他手下只有 20 名工人，其中不少还是学徒工，而且喷气发动机车间的设备经常被其他部门占用——在这样的前提下，容克斯公司的生产压力巨大，霍顿兄弟很难获得 Jumo 004 的优先供货权。

甚为罕见的历史照片：工程师正在维护早期的 Jumo 004 A-0 发动机，该型号与日后的量产型相比存在相当区别。

对这一番说辞，瓦尔特相当震惊，他保证利用自己的特殊职位，竭尽全力为弗朗茨博士争取尽可能多的资源，方才得到自己的优先供货权，签下一份购买合同：容克斯公司以每台 50000 帝国马克的价格向霍顿兄弟的秘密团队提供两台 Jumo 004，但时间必须在 1944 年 3 月之后。

实际上，霍顿兄弟不知道的是：Jumo 004 原型机固然在 1942 年成功试飞，但这款新引擎的批量化生产遭遇大量技术性难题。在整个 1943 年中，容克斯公司的技术人员都在竭力解决 Jumo 004 量产型发动机的涡轮叶片震颤以及控制系统异常问题。以至于到了年底，弗朗茨博士向军方无奈地坦承："由于研发的过程过于仓促，要现在宣布所有问题都已经解决、研发工作大功告成，这是不可能的。"同期德国空军雷希林测试中心也作出自己的判断：目前的状况显示，Jumo 004 发动机的发展并未完全成功。因而，在发动机的技术难题得到解决之前，Jumo 004 只能保持小批量试产的状态，这就是弗朗茨博士与霍顿兄弟那一番话背后的真实状况——瓦尔特提供的资源最终消耗在发动机的研发过程之上，Jumo 004 的交货还远未开始。

不过，霍顿兄弟的容克斯公司之行并非一无所获，他们获得了一台报废的 Jumo 004 原型发动机，能够以此为依据展开 H IX 的后续设计。容克斯公司的这款新发动机比 BMW 003 重 100 公斤，尺寸稍长。然而，最严重的影响是 Jumo 004 的直径进一步增大到 800 毫米以上，现有的第二版 H IX 机身中段结构已经无法容纳。霍顿兄弟没有别的办法，只能接受现实，从零开始重新设计第三版 H IX 的机身中段结构。

H IX 项目的危机与转折

　　进入 1943 年之后，帝国航空部当中有人意识到了第 3 监察特遣队的存在。就在 1943 年 3 月，哥廷根机场的指挥官收到一封电报，命令其立即停止全部所谓的第 3 监察特遣队的活动。他手持电报找到雷玛尔，告知：霍顿兄弟必须把所有的技术工人送还机场，并退回占用的机库空间。

　　这一刻，对于雷玛尔来说不啻晴天霹雳，这意味着两兄弟的秘密行动败露，飞翼战斗机计划即将化为泡影。雷玛尔急中生智，当即反问对方为什么会收到关于第 3 监察特遣队的电报——因为电报本身就是"最高机密"。雷玛尔继续临场发挥：即使是机场指挥官本人也没有权限知道第 3 监察特遣队的任务细节，因而，很显然的一件事情是德国空军内部出现了严重的泄密事件，如果机场指挥官本人不想卷入后续的"泄密调查"，那他最好不要向任何人提起这封电报。这一番冠冕堂皇的说辞把对方震得

格罗尼的厂房，霍顿兄弟团队的新基地。

服服帖帖，他向雷玛尔表示自己不会卷入这件事，就当什么都没有发生过一样。

现在，机场方面已经被说服妥当，但霍顿兄弟心头仍然惴惴不安——那封电报意味着上级机构注意到了自己的活动，他们必须尽快彻底解决这个随时有可能爆发的危机。

雷玛尔想起一件事情：帝国航空部就在这个春天发布了一项指令，要求疏散德国境内的航空工业生产设施，以减少盟军空袭的破坏。他认为这是掩盖第3监察特遣队活动的好机会，随即和瓦尔特一起在哥廷根机场4公里之外的格罗尼（Grohne）找到一套合适的厂房，通过一纸"官方文件"将其据为己有。接下来，哥廷根机场的大部分飞翼机项目悉数转移至格罗尼，H VI 滑翔机和12名工人一起运回波恩，而所有完工的滑翔机和沙伊德豪尔的试飞团队则前往瓦瑟峰避让风头。

接下来，雷玛尔找到哥廷根机场指挥官，声称第3监察特遣队已经撤离哥廷根避让空袭，按照军方命令重新调配工人和设施。雷玛尔着重提醒对方：第3监察特遣队已经撤离哥廷根机场，不应该有人知道它的存在。

此时，雷玛尔对于团队的安全依然不敢掉以轻心。两兄弟在哥廷根以南70公里的巴特赫斯菲尔德（Bad Hersfeld）找到一间隐蔽的厂房，通过瓦尔特在军方的朋友将其征用。接下来，雷玛尔将十多名技术人员转移到巴特赫斯菲尔德，承担一部分制造工作。安置妥当之后，第3监察特遣队便拥有了两处工作场地，即便其中之一出现变故，霍顿兄弟也能迅速转移到另外一处规避风险。

经过这一番善后工作，官方层面的 H VII 项目戛然而止，第3监察特遣队在德国空军的内部信息系统中销声匿迹。霍顿兄弟的飞翼战斗机研究项目再一次安全地隐藏在德国空军庞大复杂的官僚机构之中，等待着再次启动的机会。

幸运的是，霍顿兄弟没有等待太久，团队的转机出现了。

英国的"木头奇迹"，这款传奇轰炸机极大地刺激了德国空军高层，使霍顿兄弟获得研发 H IX 的契机。

在 1943 年初，英美两国联手作战，不分昼夜地空袭德国本土，而德国轰炸机部队的反击攻势相当微弱。对此，希特勒相当愤怒，要求戈林"加大对英国的空中战争力度"，尽快装备高空高速的轰炸机。为实现这个怄气性质的目标，德国空军迫切需要自己的蚊式轰炸机——能在敌国领空任意穿行的高空高速"木头奇迹"。不过，当时戈林旗下的五花八门的双引擎战机中，没有任何一款的性能可以与蚊式相提并论。

帝国元帅戈林承诺给与"3×1000 轰炸机"研发厂商巨额奖励。

1943 年 3 月 18 日的一次会议中，戈林在军方会议中对飞机制造厂商大发雷霆，表示英军的蚊式轰炸机让他"发狂""眼红得七窍生烟"。戈林宣称，他本人今后不会批准任何双发轰炸机项目，除非它能挂载 1000 公斤载荷，以 1000 公里/小时的速度飞行 1000 公里深入敌军领土投弹轰炸。戈林承诺，对于第一家提出这种切实可行的"3×1000 轰炸机"设计案的飞机制造厂商，他将给与 50 万帝国马克的奖励。

瓦尔特了解到这次会议的内容后，认为这款"3×1000 轰炸机"轰炸机规格是喷气式飞翼战斗机 H IX 以及自己整个团队的机会，于是迅速赶回第 3 监察特遣队驻地与雷玛尔展开协商。雷玛尔基于配备两台 Jumo 004 发动机的 H IX 图纸以及现有的 Jumo 004 发动机性能规范，以最小的工作量展开第一款 H IX 轰炸机改型的设计。

按照雷玛尔的构想，该型号机身内不增设弹舱，以避免对结构进行太多调整，两枚 1000 公斤炸弹直接悬挂在机翼下方。和先前的设计类似，H IX 轰炸机的机身内所有可利用的空间均用以安装油箱。雷玛尔甚至计划把整个木质外翼段用高品质胶水封合起来，形成一左一右两个巨大的机翼油箱。不过，即便如此，受困于 Jumo 004 惊人的耗油率，该型号只能勉强达到 700 公里的作战半径。如果将翼下的 2000 公

设计人员理查德·凯勒绘制的 H IX 效果图。

斤载荷分出一半用以挂载副油箱，极有可能大幅度延长航程、完美契合戈林的"3×1000"构想。不过，这种设计很显然会增加生产制造和作战运用的难度，雷玛尔毫不犹豫地将其摒弃。

雷玛尔很快估算出 H IX 轰炸机改型的第一版性能：载弹量 2000 公斤、速度 950 公里/小时、作战半径 700 公里，而升限高达 16000 米。这套性能指标在速度上勉强达到戈林的标准，作战半径较为逊色，但载弹量远远高出。经过讨论，霍顿兄弟认为该设计极有可能赢得戈林的青睐，于是雷玛尔花费两个星期的时间精心编写了一份提交军方的 H IX 计划书，其 20 页的篇幅包括飞机的整体方案、呈现预期性能的大量表格和图表、设计图纸以及设计人员理查德·凯勒（Richard Keller）绘制、展现其科幻外形的效果图。

很显然，雷玛尔的计划书等于将自己多年以来的秘密飞翼战斗机研发工作主动曝光在德国空军高层面前。一旦竞标失败，霍顿兄弟极

有可能面临一系列清算，甚至存在被送上军事法庭的危险。不过，H IX 计划最大的一个优势就是进度遥遥领先——其他飞机制造厂商还在分析消化戈林的需求、筹备最初的方案设计时，霍顿兄弟手头就已经拥有了制造中的 H IX 原型机，他们有充分的信心将其改装成帝国元帅梦想中的"3×1000 轰炸机"。也许是这个原因，促使霍顿兄弟果断出手，赌上自己的事业和前途做冒险一搏。

经过一番准备，瓦尔特亲手将计划书提交至戈林的技术官乌尔里希·迪辛（Ulrich Diesing）中校，希望能够一举打动帝国元帅。迪辛中校翻看到那张极为前卫的 H IX 轰炸机效果图时，小小地吃了一惊，不过他仅仅是对瓦尔特说了一句："谢谢，我先把它们收下，回头我会和我的人谈一谈这架新飞机。"

迪辛中校对 H IX 轰炸机方案的态度冷淡，是因为他的内心疑虑重重：在此之前，没有一家正规的飞机制造商这么迅速地回应戈林的需

设计人员理查德·凯勒绘制的另一版 H IX 效果图。

求，只有这两个不务正业研究飞翼滑翔机的毛头小伙子第一个跳了出来——他们之前设计的飞机速度从来没有突破过 300 公里/小时，而此时竟然宣称能够造出超越时代的"3×1000 轰炸机"。

迪辛本身缺乏航空技术的理论基础，不敢将霍顿兄弟的计划书贸然提交给戈林。因而他将计划书在帝国航空部之内小范围交流，征求同僚们的意见。为了获得足够的保险系数，迪辛甚至把计划书发送至德国滑翔机研究所，请航空技术专家们审议。很快，这个"3×1000"提案引发了传统飞机制造厂商的广泛批评，例如福克-沃尔夫飞机制造股份有限公司（Focke-Wulf Flugzeugbau AG）的总设计师库尔特·谭克（Kurt Tank）便给迪辛回馈相当数量的负面意见。得知此事后，雷玛尔数十年来一直愤愤不平：

我们完成了所有的测试，我们有数据，有理论，有全部的这些成功型号。但是，我们没有什么？我们没有文凭。这就是我们缺的东西。没有文凭，人们就会对我们指指点点，把我们当业余爱好者，只是在做模型飞机而已。人们会想：他们的产品凭什么会好？他们怎么可能懂得造出一架好飞机？

相比之下，瓦尔特对 H IX 一直持有充足的信心。作为帝国航空部的技术官员，他清楚地知晓战争期间铝材作为战略物资极度紧缺，H IX 的机翼大部分用木材制成，只需要有经验的木匠便可开工制造。相比其他厂商的传统轰炸机，这是一个相当突出的优势。

然而，在几乎半年的时间里，霍顿兄弟再没有得到任何回应。

飞翼机会议的插曲

在这个悬而未决的春天，1943 年 4 月 14 日，李连塔尔航空研究学会 (Lilienthal-Gesellschaft für Luftfahrtforschung) 召集德国的航空科技领军人物、飞机制造厂商和空军官员代表齐聚柏林的阿德勒斯霍夫 (Adlershof) 机场，在一个大型报告厅举行飞翼机会议 (Sitzung Nurflügelflugzeuge)。

这次会议的起因是 Me 163 之父亚历山大·利皮施博士与梅塞施密特公司领导层长期存在不和，在失去对这款火箭战斗机项目的主导权后出走维也纳航空研究所 (Luftfahrtforschungsanstalt Wien) 继续航空研究。此前，利皮施博士一直抱怨梅塞施密特公司对 Me 163 项目没有提供应有的支持，因而他在临行前提出召开一次公开的交流以讨论 Me 163 为代表的无尾飞机的优缺点。事实上，这次会议可以看作利皮施博士的无尾布局飞机和主流厂商的常规布局飞机之间的对决。

除利皮施博士之外，与会的人员包括多家航空企业的负责人。帝国航空部派出 15 名技术官员参加会议，其中汉斯·马丁·安茨是多年以来德国喷气式飞机计划的引路人，被视为会议的"精神领袖"。德国空军前线飞行员、雷希林测试中心及佩内明德武器试验场的多名试飞员以及霍顿兄弟应邀列席会议。

飞翼机会议围绕着利皮施博士的 Me 163 展开。基于 20 世纪 40 年代的理论知识，传统飞机制造厂商对无尾飞机表示普遍的反对。会议上，来自阿拉多、梅塞施密特公司的技术主管和高等院校的科研人员均众口一词地对无尾/飞翼机的理念提出质疑。与之相反，利皮施博士得到了大量 Me 163 飞行员的强烈支持，例如德国空军雷希林测试中心的航空工程师巴德尔 (Bader) 表示：他驾驶 Me 163 测试过整个速度包线，结果操控面的响应均出类拔萃，他在其他飞机上极少测出过这样好的表现。会场之内，两个阵营的代表轮番上台，用各种公式、图表和示意图阐述自己的观点，但均无法说服对方。

此时，霍顿兄弟很清楚自己实际上是和利皮施博士坚守在同一条战壕之内。如果无尾设计的 Me 163 顶不住传统势力中途夭折，自己的 H IX 飞翼战斗机更是没有任何成功的可能。因而，两兄弟积极地加入了讨论，瓦尔特向与会人员介绍了自己的 H IX 计划，瞬间成为与会人员注目的焦点。瓦尔特信心十足地表示：即便不依靠垂直尾翼和方向舵，他们也能成功制造出成功的喷气式飞翼机。话音刚落，来自德国空军雷希林测试中心、经验丰富的战斗机项目试飞员海因里希·博韦 (Heinrich Beauvais) 就从报告厅后排的位置上站了出来，他极为愤怒地指出，就他驾驶过的所有霍顿兄弟飞翼来说，无一例外地由于没有方向舵体现出航向稳定性的严重缺失。

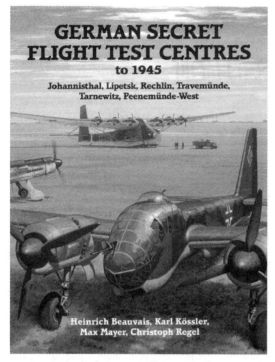

作为德国空军雷希林机场负责战斗机项目的试飞员，海因里希·博韦驾驭过大量德军战机，他在战后著有《德国空军秘密试飞中心》一书。

飞翼机会议很快结束，没有对利皮施博士

的 Me 163 造成实质性的影响，JG 400 "彗星" 联队将在一个月之后投入实战。同时，试飞员对霍顿飞翼的负面评价也没有影响到霍顿兄弟，他们在等待 H IX 批复的同时设法继续飞翼机的研制。接下来，H IV 滑翔机获得 8-251 的官方编号，该机也被称为 Ho 251。在 1943 年中，三架 H IV 进行加大驾驶舱的改装，并分别于 2 月 11 日、4 月 28 日和 6 月 20 日进行试飞。

5 月，瓦尔特和长期以来提供尽心协助的乌德特前秘书长冯·德·格罗本结婚。不过，H Vc 项目随后遭遇挫折。

在 1943 年上半年，空气动力研究所的专家约瑟夫·斯图珀(Joseph Stüper)驾驶该机进行多达 20 次的试飞。夏天的一次试飞中，斯图珀在升空阶段犯下多个错误，他放下了飞机的着陆襟翼，同时起飞位置处在跑道正中，飞机无法获得足够的速度离地升空。最后，H Vc 号机一头撞上跑道尽头的机库顶部，坠毁粉碎。

霍顿兄弟曾经提出修复 H Vc 号机，但战争期间一直搁置，就连所需的材料都无法获取。德国空军直接取消了整个 H V 计划，连带霍顿

在事故中坠毁的 H Vc 号机。

兄弟计划中的牵引机改型 H Vc 和单/双座 H V d 型均胎死腹中。

战争结束后，一份报告记录下约瑟夫·斯图珀对 H Vc 号机的评估：

（H Vc）和经过多年发展的常规布局飞机对比是不公平的，不过，它还是无尾飞机的一个良好范例，一架得到完美检验的飞机——如果有人对无尾飞机感兴趣的话。他的主要改进意见是方向舵控制部分。

1943 年 8 月，获得认可

时隔半年之后，德国空军终于表现出对 H IX 的强烈兴趣。1943 年 9 月 28 日，戈林将霍顿兄弟召集至他的豪华官邸卡琳宫（Carinhall）。

接下来，霍顿兄弟被迪辛中校带入戈林的办公室，在场人员还包括德国空军内部掌管飞机生产的艾哈德·米尔希元帅。接下来的一个

小时里，新老两代飞行员展开了极为轻松的交流。一开始，戈林再一次大大夸耀了一番两兄弟的年轻，认为 28 岁的雷玛尔和 30 岁的瓦尔特的成就相当杰出。霍顿兄弟则发现这位德国空军最高领导人很大程度上依然活在第一次世界大战的辉煌和光荣之中，因为戈林表示："如果

金碧辉煌的卡琳宫之内，霍顿兄弟得到戈林的接见。

我确认你们(提案的型号)能够飞出960公里/小时,这就是我军需要的前线战机。我在第一次世界大战中飞的是福克D-7,如果让我来选择,我还是宁愿开那架老D-7!"

戈林表示霍顿兄弟的飞翼设计让他眼前一亮,说各家飞机制造厂一直向他展示形形色色的飞机提案,但一旦新飞机制造出来之后,性能表现和其他先前型号没有什么两样。戈林对飞翼机的性能相当好奇,一直在不停追问霍顿兄弟:它的操作手感相比传统飞机有什么区别?它是怎样制造出来的?两兄弟是怎样学习到飞翼机的相关技术的?雷玛尔回答道:他们是在三十年代的伦山/瓦瑟峰滑翔比赛中逐渐积累起飞翼机的经验的。戈林承认自己对这项比赛一无所知——自从成为空军飞行员之后,他就再也没有关注过滑翔机。

为了让戈林信服,霍顿兄弟展示多张H III和H IV飞翼机在飞行中的照片。戈林敏锐地发现这几架飞机的不寻常之处:"你们就是趴着飞这些飞翼滑翔机的吗?"瓦尔特回答道:"是的,帝国元帅,飞过很多次。""这是怎么做到的?"戈林颇为好奇。瓦尔特大大方方地站起来,把自己的座椅放倒在地面上,再趴下演示在H IV驾驶舱中的驾驶姿态。在德国空军最高指挥官面前,两兄弟完全无拘无束,一个多小时的交谈轻松自如,雷玛尔感觉"就像一个父亲和儿子的聊天一样"。

最后,戈林拍板决定:"动手吧!把这架飞机造出来,让我看到它飞起来!"他盯着霍顿兄弟:"它什么时候能造好?我给你三个月时间!"这个时间期限远远超过霍顿兄弟团队的能力范围,雷玛尔立刻表示三个月时间绝无可能,他们最少需要六个月才能实现新飞机的首飞工作。戈林不容置疑地回了一句:"我们在打仗,我要它三个月就飞起来。"他转过头去,和空军的幕僚们交头接耳了好一阵子,雷玛尔听到他反复提起"三个月",不免精神高度紧张。

最终,帝国元帅还是接受了霍顿兄弟的六个月时间期限,他转身告诉艾哈德·米尔希,为霍顿兄弟的H IX设计支付50万帝国马克奖金。戈林问雷玛尔:"你打算怎么用这50万帝国马克?"年轻的设计师表示他计划用这笔资金购买一些工具和器械,用于完善H IX的设计。戈林随即命令迪辛向德国空军在慕尼黑的物资

获得官方认可后,霍顿飞机有限责任公司的信头。

配送中心发一封电报，以保证霍顿兄弟所需的工具和器械供应。事后，雷玛尔发现戈林这道命令的真正含义——他从该部门购买物资，所需资金仅仅是正常价格的一半，在这位智商超过140的帝国元帅安排下，霍顿兄弟相当于获得了100万帝国马克的奖金！

随后，艾哈德·米尔希代表军方和霍顿兄弟签订一份合约，在波恩建立霍顿飞机有限责任公司（Horten Flugzeugbau GmbH），制造3架H IX 轰炸机原型机。在签约之前，霍顿兄弟与军方讨价还价了一番，小小地占到了一点便宜：德国空军最尖端的BMW 003和Jumo 004发动机目前遭遇技术难题、无法投产，因而在与戈林约定的六个月期限之内，他们是无法获得任何

一台量产型喷气式发动机的——为此，按期交付的第一架 H IX 只能是无动力的滑翔机，由此免除动力系统和燃油系统安装、调试等一系列工作，压力大为减轻。

根据合约，第一架无动力的 H IX V1 原型机1944年3月1日前——与戈林商定的六个月期限之内首飞；三个月后配备涡轮喷气发动机的第二架原型机将完成首飞。作为霍顿兄弟团队得到认可的一个注脚，一度搁置的 H VII 项目得以重新启动。

为表明与 H IX 的关系，瓦尔特决定将霍顿兄弟团队正式改名为德国空军第九特遣队（Luftwaffenkommando IX），并得到军方的核准。至此，这群热衷于飞翼机研发的年轻人便拥有

德国空军第九特遣队的部分成员合影，第二排正中为雷玛尔。

了合法的编制，可以正大光明地追寻自己的梦想。这支小部队在哥廷根的旧有场地重新启动，由上尉军衔的瓦尔特和中尉军衔的雷玛尔领导，他们指挥的技术人员很快突破 200 人。

德国空军第九特遣队的技术人员正在给 Ho 229 V1 原型机布设胶合板蒙皮，他们之中相当部分人员隶属空军。

H IX 轰炸机的项目开始后，雷玛尔决定让焊工汉斯·文策尔继续进行第三版 Jumo 004 动力 H IX 的机身中段结构工作，未来作为动力版 H IX V2 原型机。同时，团队基于现有的第一版 H IX 机身中段结构制造 H IX V1 原型机，大大减轻了工作量，雷玛尔由此获得足够充裕的时间展开其他飞翼机的研究和探索。

在 H IX 项目刚刚正式启动时，理论上的竞争厂商——梅塞施密特公司派出路德维希·伯尔科（Ludwig Bölkow）来到哥廷根，要求参观霍顿飞机有限责任公司。两年前，伯尔科曾经担任 Me 262 项目的技术人员，现在已经升任公司的新项目设计主管。这一次，伯尔科手持帝国航空部的许可文件，有权获取任何他想知道的技术信息。对于这位不速之客，霍顿兄弟内心极度抗拒，但不得不陪同他一起视察。

伯尔科的目的很明显是 H IX，他全盘研究了雷玛尔在飞机设计上的所有空气动力学公式，再逐一询问该型号的生产性问题。伯尔科表示，梅塞施密特的 Me 262 即将投入批量生产，不过它的机翼面积相比 H IX 而言要小很多，他迫切想知道霍顿兄弟是怎样处理如此庞大机翼的流水线生产的。得到了自己需要的全部信息之后，伯尔科心满意足地离开了霍顿飞机有限责任公司。

随后不久，帝国航空部派出代表来到哥廷根机场，向霍顿兄弟出示一道命令：梅塞施密特公司有意合并霍顿飞机有限责任公司，霍顿兄弟团队可以在这家航空工业巨头的编制下继续他们的飞翼机研发工作——这一点已经获得了官方的批准。听闻这个消息，霍顿兄弟如遭当头一棒，这意味着他们即将失去自己的主动权，沦为梅塞施密特公司的一个项目团队，这样的一个结果是他们无论如何都不会接受的。

瓦尔特迅速做出反应，表明他们的团队不是普通的飞机制造商，而是直属于德国空军——瓦尔特和雷玛尔都有尉官军衔，团队拥有德国空军第九特遣队的编制，而制造飞机的技术人员都是直接从哥廷根空军基地抽调而来。因而，帝国航空部无权命令霍顿飞机有限责任公司并入梅塞施密特公司。接下来，瓦尔特抛出了王牌：该团队肩负着帝国元帅戈林的命令，需要在半年之内交付第一架 H IX V1 原型机，而并入梅塞施密特公司的变动最少要消耗整个团队一年的时间，进度延迟的后果是梅塞施密特公司乃至帝国航空部担待不起的。

这一番话把帝国航空部的代表震得哑口无言，他尴尬地表示稍后将返回柏林进行进一步德国空气动力研究所测试的各种极为激进的机翼构型。

核实。瓦尔特争取到了自己的时间，从哥廷根机场打出一个又一个电话，依靠自己的关系网四处寻求帮助。最后，帝国航空部方面表示在 H IX 交付之前不考虑合并事宜，霍顿兄弟得以长舒一口气：一旦 H IX 成功试飞，他们便能获得军方更多的重视，以及获得更充分的理由拒绝梅塞施米特公司的合并要求。

不过，接下来发生的一切让霍顿兄弟感到忿忿不平，根据瓦尔特的战后回忆：

大概在 1944 年年中的时候，整个德国的航空业界都能够看到我们进行自己的飞翼机设计的计算公式了。所以，从 1944 年中一直到 1945 年 4 月，冒出来那么多不同的厂商提交了各种无尾机和飞翼机的设计。看，所有这些德国厂商最少有一年的时间来研究我们的项目，看到了我们的设计的价值，所以他们能够跟上来，提交更充分的飞机设计。站在我们成功的 H IX 肩膀上，那些厂商急切着向帝国航空部提交无尾机和飞翼机的提案……我们把我们的设计贡献给了其他德国飞机厂商，他们靠着我们的计算展开他们的新设计。就算今天，即便诺斯罗普公司也以飞翼的形式开始他们的隐身轰炸机设计。

实际上，德国飞机厂商在战争结束前形形色色的高速机翼设计，其技术源流基本可以追溯至哥廷根的空气动力研究所。从 20 世纪 30 年代末开始，空气动力研究所一直持续进行大量风洞测试，获得不同形状机翼在各种速度条件下的气动特性的第一手资料。空气动力研究所的科研成果在德国航空业界内部广泛交流，极大促进多种先进战机的研发——其中最著名的一个型号也许就是梅塞施密特公司的 Me 262。

可以说，空气动力研究所对德国乃至战后世界各国的新一代飞行器设计产生不可忽视的重要影响，其广度和深度绝非霍顿兄弟一款 H IX 可以相提并论。至于诺斯罗普公司飞翼轰炸机的历史传承，将在后续章节中加以阐述。

除去对"强制技术分享"的不满，霍顿兄弟事后一直在推敲战争中这次合并风波的起源，认为亚历山大·利皮施博士就是幕后的黑手。以瓦尔特的观点，利皮施博士的 Me 163 只是一个保留了机身和垂直尾翼的"动力蛋"，远远比不上机翼机身融为一体、外观完美的霍顿系列飞翼。按照霍顿兄弟的猜测，利皮施博士主导了梅塞施密特公司的这次合并企图，一旦成功，霍顿兄弟团队的进度和未来发展便会大受影响，从而失去竞争优势。实际上，利皮施博士和梅塞施密特公司在 Me 163 项目上的合作基本上由军方主导，属于挂靠性质，他自己在梅塞施密特公司内部缺乏深厚的人脉。此外，利皮施博士半年前出走维也纳航空研究所之后，一直应帝国航空部的要求展开自己的高速航空器设计，与梅塞施密特公司已经没有一点瓜葛。因而，霍顿兄弟的这番猜想仅仅是毫无根据的捕风捉影。

1943 年的秋天很快到来，距离容克斯公司约定的 Jumo 004 发动机交货日期还有半年之久，霍顿兄弟团队心急如焚。10 月，BMW 公司的施潘道工厂发布预生产型 BMW 003A-0 发动机的安装说明书。至此，霍顿兄弟方才获得 BMW 003 相应的管线接口资料，考虑到 Jumo 004 发动机仍然遥遥无期，他们决定着手制作 BMW 003 动力的 H IX 原型机。由于 Jumo 004 的尺寸大于 BMW 003，焊工汉斯·文策尔制造的第三版 Jumo 004 动力 H IX V2 原型机只需要略加调整，便能安装下 BMW 003，成为第四版 H IX V2 原型机。

德国空军第九特遣队的部分成员和第三版 H IX 机身中段结构的合影，它随后被改装为配备 BMW 003 的第四版。

V1 原型机的成功与 V2 原型机的成型团

这一阶段的帝国航空部之内,主管高官米尔希对 H IX 项目并不重视——在过去几年时间内,米尔希已经见证过太多的飞机项目。以他的经验,一款新型战机从绘图板设计到装备部队,平均需要四年时间。因而,米尔希认为 H IX 在 1947 年之前不存在入役参战的可能性。之前的 1942 年底,米尔希曾经启动发展新式武器的"火山"计划,将 Me 163、Me 262、He 280、Me 328、Ar 234 等新锐战机列为"绝对的第一优先级"。到了 1943 年 10 月 29 日,在一次军备会议上,米尔希拒绝将 H IX 列入"火山"计划,因为这将影响到计划中其他飞机的优先级。

在 1943 年最后的几个月时间里,H IX 被德国空军授予 Ho 229 的正式编号,也被称为 8-229。不过,霍顿兄弟团队内部往往还是将其称呼为 H IX。在设计阶段,尤其是最关键的发动机进气口设计过程中,雷玛尔设法得到若干德国官方的风洞数据作为参考。不过,

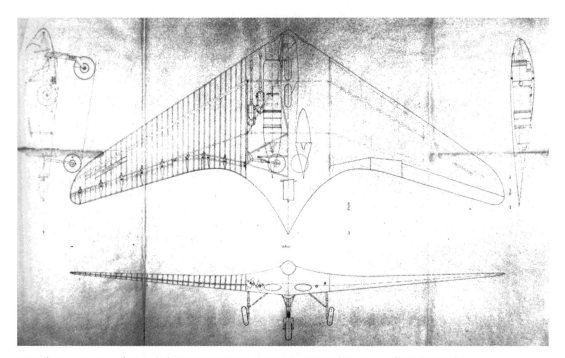

1944 年 2 月 14 日,雷玛尔完成的 BMW 003 版 H IX/Ho 229 设计图纸,注意椭圆形的进气口。

这对雷玛尔而言没有太多意义，因为他工作的重点在于怎样将两台涡轮喷气发动机安装进钢管焊接而成、内部结构错综复杂的机身中段结构。

1944 年 2 月 14 日，雷玛尔完成 BMW 003 版 H IX/Ho 229 的设计图纸，内部结构出现若干调整。为配合发动机，一对优雅的椭圆形开口安装在机翼前缘的底面，气流通过两副略微弯曲的导管进入一对发动机。

然而，这种曲率是否会引起发动机进气道的空气干扰还不能保证，因而后续设计中发动机的进气道直接从机翼正前方切开。机身中段结构之内，发动机的左右两侧各安装两门大威力的 30 毫米 MK 103 加农炮，这就意味着 Ho 229 的定位已经不是单纯的喷气式轰炸机，而是具备一定程度空战能力，成为战斗-轰炸机。在某种意义上，这可以视为在戈林提出的"3×1000 轰炸机"和瓦尔特一直坚持的高性能飞翼战斗机之间的折衷方案。

MK 103 的选择也体现出瓦尔特的设计思想。在 1944 年，德国空军最先进战斗机采用的大口径加农炮基本上为 MK 108，其重量轻、安装简易，但缺点是初速低、弹道弯曲导致射程较近。瓦尔特一心让 Ho 229 的飞行员能够和当年自己在不列颠之战中那样在数百米之外的远距离开火射击、准确命中，因而他决定为飞翼机选择重量更大、初速更高、射程更远的 MK 103。

在 1943 年秋至 1944 年春的半年时间里，霍顿兄弟一直忙于完善无动力的 Ho 229 V1 原型机。该机源于第一版计划安装 BMW 002 发动机的 H IX，机身中段结构的宽度为 2400 毫米。整架飞机为霍顿兄弟十多年飞翼机研究的心血结晶，机身外形宛若一只展翅欲飞的巨大蝙蝠，轮廓光滑顺畅，没有一丝多余的凸起。即便以 21 世纪的标准来衡量，其造型

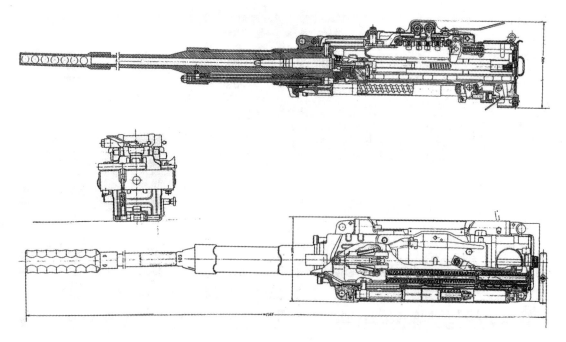

瓦尔特心仪的 MK 103 大威力加农炮，如果一切顺利，它将安装在量产型的 Ho 229 之上。

也是极其科幻。

V1 原型机采用前三点式起落架，前起落架可以收入机头下方的起落架舱。值得一提的是，在战争末期，向生产厂家订购全新规格的起落架轮很显然需要消耗大量的时间，于是霍顿团队直接在哥廷根机场范围内寻找合适的代用品。当时技术人员们的选择并不多，幸运的是他们最后发现一架废弃的 He 177 重型轰炸机。该机的尾起落架轮拆下之后，被安装在 V1 原型机上充当前起落架轮。

V1 原型机后方，主起落架则为固定结构以节约工作量。主起落架类似两副装上主轮的腹鳍，内部配有弹簧减震机构，其尺寸相当可观，能够起到部分垂直安定面的作用。不过，由于主起落架过于接近重心、平衡力矩较小，因而对飞机在起降阶段的方向稳定性帮助不大。按照计划，安装喷气发动机的 V2 原型机重心有改变，在可收放起落架的舱门打开时，能够起到类似的垂直安定面作用，因而方向稳定性大体

上保持同一水准。

每侧机翼后缘安装有三副独立的操纵面。机身中段结构的末端，一段"蝙蝠尾"将左右两副机翼的后缘优雅地融为一体。"蝙蝠尾"结构的上部有一个方形的减速伞舱门，用以在降落时放出减速伞，缩短滑跑距离。

Ho 229 V1 原型机性能参数	
翼展	16 米
机头后掠角	32.2 度
梯形比	7.5
翼根相对厚度	13
机翼面积	46.0 平方米
机身中段结构宽度	2.4 米
驾驶舱宽度	0.8 米
驾驶舱高度	1.1 米
空重	1900 公斤
有效载荷	100 公斤
最大允许速度	1000 公里/小时

1944 年 2 月，Ho 229 V1 原型机的机身中段结构拖出哥廷根的机库。

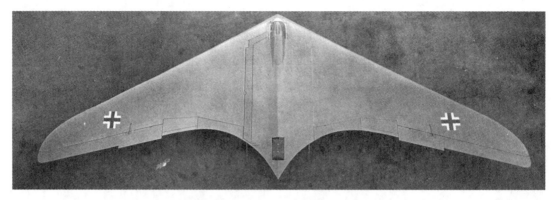

俯拍完工的 Ho 229 V1 原型机，其优雅科幻的外形在第二次世界大战堪称举世无双。

Ho 229 V1 原型机，侧面视角。

Ho 229 V1 原型机，正面视角。

Ho 229 V1 原型机，侧后方视角。

Ho 229 V1 原型机，侧前方视角。

Ho 229 V1 原型机，后方视角。

试飞前的 Ho 229 V1 原型机，由牵引车拖曳驶过白雪皑皑的跑道。

1944 年 2 月底，在和戈林约定的六个月期限之内，Ho 229 V1 原型机如期完工。在这之前，瓦尔特向帝国航空部申请一架 He III 作为牵引机，然而只得到一架 He 45 双翼机。

海因茨·沙伊德豪尔靠在 Ho 229 V1 原型机座舱的左侧。

海因茨·沙伊德豪尔在 Ho 229 V1 原型机座舱内就位，准备起飞。

在 3 月 1 日当天，V1 原型机的试飞开始。沙伊德豪尔坐进 V1 原型机驾驶舱中，由 He 45 拖曳在哥廷根的跑道上滑跑。

很快，沙伊德豪尔发现 He 45 的功率不足、加速太慢，无法以哥廷根的跑道长度完成拖曳升空。他被迫在 V1 原型机离地升空后迅速松脱牵引绳，挣脱了束缚的 He 45 腾空而起，而 V1 原型机在短暂的跃升之后重新降落在跑道上。连续两次尝试，He 45 均无法将 V1 原型机拖曳升空。确认没有其他办法之后，霍顿兄弟在飞机前方安放一张标注日期的卡片，拍下一张照片之后发送给戈林。

3 月 5 日，天气好转，霍顿兄弟也终于等到了他们需要的 He III 牵引机以及飞行员艾尔温·齐勒（Erwin Ziller）少尉。作为一位拥有 6000 小时以上飞行经验的著名滑翔机飞行员，齐勒在 20 世纪 30 年代的瓦瑟峰滑翔机大赛中便与霍顿兄弟打过交道。实际上，他和沙伊德豪尔更是一道出生入死的战友——在 1940 年 5 月攻克埃本·埃马耳要塞的滑翔机奇袭战中，同属"花岗岩分队"，齐勒驾驶的正是沙伊德豪尔旁侧的 6 号 DFS 230 滑翔机！此战过后，齐勒没有受伤，返回国内担任福克-沃尔夫公司的试飞员，因而

飞行员艾尔温·齐勒少尉，在 Ho 229 V1 原型机阶段加入霍顿兄弟团队。

拥有足够的动力飞机驾驶经验。没有太多周折，齐勒加入霍顿兄弟团队，与沙伊德豪尔共同承担试飞任务。

一切准备妥当之后，齐勒登上 He III，沙伊德豪尔进入 V1 原型机的驾驶舱，试飞正式开始。在滑跑阶段，He III 的螺旋桨将跑道上的积雪向后吹起，落在 V1 原型机的风挡之上，沙伊德豪尔的视野严重受阻。不过，他依然稳住飞机，顺利离地升空。在 3600 米高度，沙伊德豪尔脱离牵引，自主滑翔飞行。这架新飞机的操控性能令沙伊德豪尔感到相当满意，在尝试几个简单的机动之后，他开始滑翔返回哥廷根。

飞行中的 Ho 229 V1 原型机。

由于场地限制，沙伊德豪尔必须以一个陡峭的下降角飞越哥廷根的机库，因而 V1 在跑道尽头仍然保持着相当的高度。由于地面气流的托升效应，V1 原型机下降的速率很慢，直到跑道中段方才接地。V1 原型机在跑道上方反弹了一两次后，沿着积雪皑皑的跑道向前滑动。

由于跑道摩擦系数过小，V1 原型机的速度非常快，丝毫没有减速的迹象。沙伊德豪尔放出减速伞，但其尺寸太小，帮助不大，此时的起落架轮刹也对速度没有太多影响。眼看原型机朝向跑道尽头的一间机库冲去，距离越来越近，沙伊德豪尔急中生智一把收起飞机的机头起落架。机头下侧直接压在跑道之上，由于摩擦力发出刺耳的噪音。不过，飞机却立竿见影地减缓了速度，最终在机库前方停了下来。以机头部分受损为代价，沙伊德豪尔保住了这架珍贵的原型机。

霍顿团队的技术人员将两个折叠气囊塞到 V1 原型机的机头下方，随后用脚踩动气泵，一点一点地将空气注入气囊，把 V1 原型机的机头抬起。待抬起的高度足够之后，技术人员放下 V1 原型机的起落架，加以锁定。最后，技术人员们齐心协力地手脚并用，将滑翔机推回机库当中。经检查，V1 原型机的受损部分只有机身中段结构前下方的部分木质蒙皮，总体并无大碍。

接下来，后续两次试飞在 3 月 23 日进行。随后，考虑到哥廷根机场的 1100 米跑道难以承载试飞任务，V1 原型机转移到柏林近郊的奥拉宁堡（Oranienburg）机场，在 2000 米的混凝土跑道上继续飞行测试。霍顿兄弟选择奥拉宁堡还有一个目的：该机场距离空军最高指挥官戈林的官邸卡琳宫相当近。戈林经常到奥拉宁堡视察空军部队，因而梅塞施密特、福克-沃尔夫和阿拉多公司均将相当一部分最先进战机的试飞安排在奥拉宁堡机场。

1944 年 3 月 5 日，试飞中机头擦地的 Ho 229 V1 原型机。

技术人员将两个折叠气囊塞到 V1 原型机的机头下方，充气后将飞机抬起。

1944 年 4 月 5 日，在试飞中再次机头擦地着陆的 Ho 229 V1 原型机。

在哥廷根机场测试的 Ho 229 V1 原型机。

1944 年 4 月，在奥拉宁堡进行试飞工作的 H IX V1 原型机。

基于同样的考虑，霍顿兄弟将 V1 原型机以及后续的喷气动力版 V2 原型机迁移至奥拉宁堡，以求能够随时得到帝国元帅的视察，争取更多的支持。4 月 5 日，V1 原型机在降落时出现前轮摆振导致机头再次擦地的事故，随后使用扭杆缓冲器加以改装。

在这一阶段 V1 原型机的测试飞行中，沙伊德豪尔一直担任该机的主力试飞员。对他而言，这又是一架让他得心应手、收放自如的霍顿兄弟滑翔机。

作为德国空军第九特遣队的领导，瓦尔特多次试飞 V1 原型机，以一名久经沙场的战斗机飞行员的眼光，他敏锐地发现飞机飞行品质存在相当程度的不稳定表现。为此，帝国航空部在 4 月初派出德国航空研究所（Deutsche Versuchsanstalt für Luftfahrt，缩写 DVL）的一支专家队伍，使用各种特殊仪器展开

V1 原型机的稳定性和操控性测试，以确认该型号是否具备发展成为一个稳定的枪械射击平台的可能性。

7 月 7 日，DVL 向帝国航空部提交一份 10 页测试报告，表示该型号的横向震荡周期异乎寻常的长，由于摆动减弱的速度不明显，以至于在 250 公里/小时条件下出现横向震荡时，需要五个震荡周期的 8 秒钟时间方可恢复正常飞行。报告特别提出，V1 原型机在低速条件下有

几率出现"荷兰滚"——即横向和滚转相结合的异常震荡。

对于空军的官僚而言，Ho 229 在飞行品质上的这点瑕疵完全无足轻重，因为在与军方的研发合同中，该机是一款轰炸机，没有人会要求轰炸机投入激烈的空中缠斗中。然而，身为霍顿兄弟团队的领军人物，瓦尔特内心相当清楚：Ho 229 是假借戈林"3×1000 轰炸机"的意向被批准立项的，它的真正设计意图是霍顿兄弟

试飞结束后的 Ho 229 V1 原型机，注意机尾揉成一团的减速伞。

长久以来规划的高性能喷气式飞翼战斗机，因而"荷兰滚"的问题必须解决。

先前，瓦尔特试飞过亚历山大·利皮施博士的 Me 163，清楚垂直尾翼对于飞行品质的重要性，于是他向雷玛尔提出为 Ho 229 增加垂直尾翼的设想。不过，后者对此持有强烈的抵触心态，因为这并非他孜孜以求的、完美的飞翼机：

> H IX V1 的确体现出一定的"荷兰滚"趋势，但我们发现震荡能在短时间内得到控制……沙伊德豪尔飞过 H IX，他试过蹬舵来确认"荷兰滚"震荡的程度，结果他发现很实用的一个方法是同时踩下两个踏板，马上震荡就趋向于减小，然后在一段短时间内消失了，他就有了一个开火射击的良好飞行姿态。

实际上，沙伊德豪尔仅仅是一名滑翔机飞行员，没有驾驶战斗机升空作战的记录，从未在真实的空战中体验过战斗机"开火射击的良好飞行姿态"。至于雷玛尔，他本人同样缺乏战斗机的实战经验，更是从未驾驶过自己设计出的这架 V1 原型机。他对 Ho 229 飞行品质的感受完全来源于沙伊德豪尔——在近十年合作时间里对霍顿兄弟系列飞翼机已然了如指掌的老搭档，而自己的设计思想完全建立在对纯飞翼机的狂热信念之上。

与之相比，瓦尔特对自己和弟弟制造出的所有飞翼机的操控品质均了然于胸，更是一名参加过不列颠之战的王牌飞行员，因而他更清楚现阶段的 H IX/Ho 229 设计与理想中的高性能飞翼战斗机之间的差距：

> 霍顿 H IX V1 原型机操控很稳定，飞得相当好。不过，以我的观点，它在不稳定的气流中不是一个好的枪炮射击平台。飞行员要在射击航线中展开瞄准，需要大量的时间和技巧。通常情况下，飞行员是不会有那么多时间把飞机控制在能够击落敌机的射击阵位上的。瞄准和射击必须快速完成，否则目标就会溜掉。而且，到 1945 年，我军的飞行员都是年轻而且缺乏经验的，训练的时间非常少。我觉得不能指望他们驾驶一架这么快的涡轮喷气式战斗机从 2000 米开外接敌，一路稳住飞机，锁定瞄准之后再击落敌机。就这个（空战射击的）标准而言，H IX 根本不是什么好飞机。在这个阶段，所有的飞机设计都安装了配备方向舵的垂直尾翼。以我作为战斗机飞行员跟随着加兰德打出来的经验，以及我驾驶飞翼滑翔机的大量飞行经验，我认为一架无尾战斗机需要一副垂直尾翼，其他设计师也同意这一点。所以我们看到的飞翼飞机都多多少少装上了垂直的小翼，它们要么安装在翼尖，向上或者向下弯折，要么小翼突出到机翼外面。我们每一个设计师都清楚在垂直安定面对战斗机的作用，不过对这个问题我们每个人都有自己的解决方案。就我看来，在机身中心线后方安装一副高高的垂直安定面，再在它后面配上铰接的方向舵就可以了。这样非常简单、重量很轻而且效率很高……我想要更好的稳定性，所以我需要找到一个方法减缓 H IX 飞行中出现的"荷兰滚"震荡。我需要一条精准的射击航线。H IX 上没有垂直尾翼，我感觉它没有可能成为一架从 1500 到 2000 米之外发动进攻的有效战斗机。举个例子，当我们遇上被叫做"湍流"的现象时，就有必要对方向稳定性进行精确的操作。不然，飞机会在湍流中晃来晃去，你没办法直线射击。以我的观点，霍顿 H IX 不装上垂直尾翼的话，绝不可能在湍流中命中目标……

终于，经过多年的合作直到 Ho 229 项目之后，霍顿兄弟之间的理念出现巨大的分歧。雷玛尔对于哥哥为 Ho 229 增设垂直尾翼的建议表示毫无必要。为此，瓦尔特斩钉截铁地作出决定："要飞起来可以没有垂直尾翼，要空中缠斗就必须有！"

以霍顿兄弟团队领导的身份，瓦尔特和帝国航空部签订一份合同，制造一架配备垂直尾翼的全尺寸 H IX 模型进行测试。他更计划在后续的喷气动力版 Ho 229 V2 原型机试飞后，再为其额外安装一副垂直尾翼。

在第二次世界大战最后一年时间里，霍顿兄弟继续向军方提交大量飞翼战机的设计方案，大部分均配置有垂直尾翼，毫无疑问这正是瓦尔特设计思路的体现。

第二次世界大战结束后 40 年，瓦尔特向媒体展示战争最后时刻提交德国空军的一款战斗机方案，垂直尾翼清晰可见。

在 Ho 229 V1 原型机试飞的同时，H IX/Ho 229 的等比模型放入空气动力研究所的 1.0 马赫音速风洞当中进行吹风试验。最终报告指出，该型号的翼尖会在高速飞行过程中引发气流扰乱分离，进一步导致局部真空现象，其最终结果便是副翼、阻力舵等控制面的气动效率降低。不过，Ho 229 的原始设计已经冻结，霍顿兄弟团队只能寄希望于动力版 V2 原型机的进一步试飞和验证。

在喷气发动机厂商方面，容克斯公司终于在 1944 年初解决 Jumo 004 发动机的涡轮叶片震颤问题，发动机的技术难关还剩下控制系统中不时出现的异常故障——这个神龙见首不见尾的顽疾一直到战争结束都没有解决，令容克斯公司技术部门头痛不已。然而，德国空军已经没有时间继续等下去了，战局的压力迫使容克斯公司在 1944 年 2 月将依然存在缺陷的 Jumo 004 B-1 发动机投入批量生产，交付梅塞施密特公司。紧接着的 3 月，第一架量产型 Me 262 出厂交货。

容克斯公司的喷气式发动机生产线启动后，优先交付梅塞施密特公司的 Me 262 项目，接下来便是拥有供货优先权的其他飞机制造厂商。1944 年 4 月中旬，两台量产型 Jumo 004 B-1 发动机送至霍顿飞机有限责任公司，这比预期的时间延误数个星期。霍顿兄弟终于第一次看到量产型的 Jumo 004，不由得大吃一惊——该机的结构和原型机不大一样，附件箱安装在压气机部分的正上方，使得发动机的整体直径大大超过 80 厘米。现在，第四版 Ho 229 V2 原型机机体之内已经无法直接装下 Jumo 004 发动机了。

究其原因，是瓦尔特签订合同时以保密为由没有留下任何地址，容克斯公司无法向霍顿兄弟团队发送量产型 Jumo 004 的规格等资料，而弗朗茨博士也误以为瓦尔特早已获得他们所需要的所有技术资料。实际上，霍顿兄弟一直以 Jumo 004 原型机的尺寸进行 Ho 229 的设计

进行喷气式发动机安装的 Ho 229 V2 原型机，可见错综复杂的钢管框架结构极大制约了内部设备的安装调试。

调整。

项目进度紧迫，霍顿兄弟已经没有时间重新打造一架原型机，只能根据现有的第四版 BMW 003 动力的 Ho 229 V2 原型机机身中段结构再次进行调整，用以容纳 Jumo 004 发动机。

经过研究，一个临时性的解决办法是在拆装发动机之前，先行将附件箱卸下，然而由于发动机和机体结构之间的空间减少，散热和维护方面仍存在不可预知的问题隐患。更重要的是，安装在 Jumo 004 B-1 前上方的启动机部件仍会凸出机翼上表面。厂家的弗朗茨博士表示这个问题很好解决，将发动机倾斜 90 度安装，使突出部分融入机翼之内即可。不过，帝国航空部最终没有批准该方案。

本着完美主义者的精神，雷玛尔不愿意为发动机简单地增加整流罩。这样一来，Ho 229 需要把机翼加厚三分之一，以容纳下尺寸增大的 Jumo 004，飞机的翼展也要随之从 16 米延长至 21.3 米，翼面积也要从 42 平方米拓展到 75 平方米。这架"面多加水、水多加面"的 Ho 229 将达到传统中型轰炸机的体格，无法实现预期性能。

为了避免飞机性能受影响，霍顿兄弟决定尽可能多地保留原始设计。为此，飞机的外翼段尽量保持不变。机身中段结构左右各增加一段 40 厘米的宽度，而相对厚度从 13% 增加到 13.8%，在机身中心线的位置进一步增加到 15.3%。作为一个折衷的解决方案，发动机向外旋转 15 度安装。帝国航空部允许雷玛尔将 Jumo 004 发动机前端的环形启动机油箱和滑油箱转移到其他位置，以便发动机能够安装进入机翼，不过 Jumo 004 的后端还是无法完全安装在机翼之内，以至于后端机翼上表面需要增加两个整流罩。

结果，和无动力的 Ho 229 V1 原型机相比，V2 原型机的机身中段从 2.4 米加宽至 3.2 米，机身长度从 6.5 米延长至 7.47 米。

由于翼展的延长，霍顿兄弟预计飞机的临界马赫数将降低到 0.75，在海平面能达到 920 公里/小时的速度，在 12000 米能达到 797 公里/小时的速度。

设计方案确定后，雷玛尔的目标是在 1945 年元旦前完成该机的试飞工作，为此他需要最好的工程师、技术人员、木工和焊工——而这些人员在 1944 年春天尚未全部就位。为此，雷玛尔想方设法征集人手，一个星期时间里，霍顿兄弟的技术团队便扩充到 30 人。如果尺寸适合，技术人员将尽可能地重用第四版原型机的旧有部件，或者经过改造之后安装至新飞机之上，以此节约工作量。当直接重用和改造复用

的方案都无法奏效时，设计团队才会重新制造零部件。

由于进度紧迫，霍顿兄弟已经没有时间测试整架 Ho 229 V2 原型机的气动性能了。这架飞机的尺寸、气动外形与先前的 V1 原型机已然大相径庭，雷玛尔无法预知机身后方隆起的两个整流罩和前方的发动机进气口会对飞行性能产生什么样的影响。对于瓦尔特来说，这架飞机和 V1 原型机一样，也是一款需要从头开始加以摸索的霍顿飞翼。

瓦尔特曾经建议雷玛尔将一台喷气发动机安装在 V1 原型机的上方，用以试验霍顿飞翼在新引擎驱动下的飞行性能。不过，雷玛尔认为这种简单粗暴的改装只会破坏飞机的气动外形，再加上对 V2 原型机的帮助有限，他表示："算了吧，我们再等上几个月，就可以试飞真东西了——V2 号机。"最后，霍顿兄弟在一架 H II L 的机翼前缘安装上一对模拟进气口，后缘安装上一对模拟排气管，由沙伊德豪尔驾驶升空试飞，用以探索喷气发动机的安装对飞翼机气动

飞行中的 H VI，其展弦比明显大于 H IV。

性能的影响。

　　在这一阶段，H Ⅵ 获得 8-253 的官方编号后，经历 8000 工时建造完成。该型号用以验证"中段效应"在 H Ⅸ 的"蝙蝠机尾"上的表现，其展弦比高达 32.4。

　　1944 年 5 月 24 日，沙伊德豪尔驾驶 H Ⅵ

试飞成功，报告该机方向稳定性优良。不过，这架展弦比达 30 的滑翔机对 H Ⅸ 的项目没有带来太大帮助。在这个五月，成功完成首飞任务的还包括经历波折的 H Ⅶ，其试飞员正是瓦尔特本人。

飞行中的 H Ⅶ。

哥达工厂启动

1944 年 5 月间，霍顿兄弟团队继续在哥廷根的格罗尼工厂制造 Ho 229 V2 原型机。一天，德国情报部门设置在法国加莱地区的一个英语广播忽然发布一条消息：霍顿兄弟正在哥廷根制造绝密的喷气式战机。得知此事后，瓦尔特和雷玛尔大为震惊，他们不清楚自己的 Ho 229 项目是如何泄露到情报部门去的，由此担心万一消息传播至盟军一方，自己的工厂极有可能遭到攻击。

很快，霍顿兄弟的担忧变成了现实。一天清晨，格罗尼工厂车间周围的防空警报发出刺耳的尖啸，瓦尔特和雷玛尔当即命令所有人员疏散到附近的防空掩体之中，自己则掉头往高速公路的方向狂奔，一头钻进路边的巨大排水管道当中。在这里，两兄弟既能得到混凝土管道的庇护，又能观察到空袭的全过程。三公里之外，两群美军中型轰炸机正排布着紧密的队形穿过云彩从远方飞来，瓦尔特一共数出 18 架的数量。接近格罗尼工厂后，轰炸机群的舱门打开，重磅炸弹有如雨点一般纷纷落下，一时间火光冲天，弹片四溅，滚滚的黑烟遮天蔽日。震耳欲聋的爆炸声一次次敲打着霍顿兄弟的神经，他们此刻担心的是车间内那架未完工的 V2 原型机。几分钟之内，轰炸机群投弹完毕、昂然掉头返航。硝烟散去后，霍顿兄弟惊喜地发现自己的厂房安然无恙，而 800 米开外的农田已经被炸成了月球表面——很显然，美国飞行员算错了投弹的时机。

霍顿兄弟没有浪费时间，在空袭过后立刻安排德国空军第九特遣队转移到明登，前后历时近一个星期。到 6 月 1 日——预计喷气动力版 Ho 229 首飞的日期，V2 原型机的机身框架仍然处在组装阶段。

6 月 6 日，盟军发动诺曼底登陆作战，第三帝国已经时日无多。随着战局的越发恶化，党卫军势力逐渐渗透入德国最高领导层，甚至考虑创建自己的空军，即党卫军空军(SS-Flieger)。

6 月 15 日，帝国航空部和党卫军代表举行一次会议，随后迅速订购 10 架 Ho 229，要求"出厂交货"。很快，Ho 229 的订单数量提升至 20 架。接下来，奥拉宁堡的党卫军分部派遣 30 名党卫军士兵给瓦尔特调遣，他们将和霍顿兄弟保持合作直至战争结束。

然而，两位数的飞机订单对于德国空军第九特遣队来说是一个天文数字，因为该部本质上只是霍顿兄弟的研发单位，缺乏流水线生产的能力——包括足够的场地、设备、人员等。此外，雷玛尔本人更是对 Ho 229 的大规模量产毫不关心，他在意的只有一点：性能最优秀的飞翼机必须从自己的手下诞生。

为此，帝国航空部在 Ho 229 V2 原型机项目开始后不久便开始着手为霍顿兄弟团队寻找具备足够木材加工经验的代工厂。军方随后决定：20架订单由斯图加特的克里姆飞机有限责任公司生产，而接下来的后续20架订单则交付哥达（Gotha）的哥达货车工厂（Gothaer Waggonfabrik）。1944年6月下旬，霍顿兄弟的首席制图员汉斯·布鲁内（Hans Brüne）带领一队员工前往哥达。到7月，他们开始协助哥达工厂着手量产型Ho 229的图纸设计。

受到航空历史研究者的广泛关注，Ho 229则被相当数量的当代媒体错误地称为Go 229。

对于哥达工厂的代工计划，雷玛尔丝毫没有在意：

> 我告诉他（瓦尔特）我对哪一家工厂被选做代工厂没有意见，因为我对飞机的批量生产没有兴趣。我主要的兴趣是设计和研发工作。一

战争前的哥达货车工厂宣传画。

1944年7月20日，哥达工厂遭到美军空袭，有80%的厂房被摧毁，直到战争结束仍未完全恢复。为了避免再次遭到空袭损失，该企业将残存部门在哥达地区分散布置。此时，克里姆公司忙于生产Me 163 B火箭截击机导致产能不足，其合同转包至同城的另一家大型家具工厂。到1944年9月，斯图加特的这些飞机制造厂的合同仅限于Ho 229的机翼制造，而所有组装工作全部由哥达工厂承担。

在第一次世界大战中，哥达工厂研发出能够远程空袭英国的巨型战略轰炸机，名噪一时。如果第三帝国得以苟延残喘，该工厂将从1945年8月开始40架Ho 229的生产，交付又一款承担空袭英国任务的最先进战斗轰炸机。也许正因为这个特殊的历史地位，哥达工厂长期以来

旦它投入批量生产，我就不想再参与其中了。我还有其他事情要做。现在，轮到帝国航空部来监管我们飞机的批量生产了。

霍顿兄弟团队的技术人员非常清楚，自己制造的Ho 229 V1和V2原型机不适合大规模量产，本质上只是试验性飞机。量产过程中，Ho 229势必暴露相当数量的问题，这些全部需要哥达工厂逐一解决。

1944年9月，哥达工厂的首席设计师和军方代表共同为量产型8-229的第一架V3号机拟定设备要求清单。然而，在整个1944年秋季，两家企业围绕着Ho 229的设计反复展开讨论，V3号机的制造进度一再延迟。

由于设计调整量过大，哥达工厂决定采

用循序渐进的战术，通过三架 Ho 229 原型机将霍顿兄弟的原始设计逐渐过渡到量产的规格。这三架 V3、V4、V5 原型机将用于最初的飞行测试，被称为"哥廷根执行案（Göttinger Ausführung）"。后续的 V6 至 V15 号机则是配备武装的预生产型。到 1944 年 11 月中旬，第一架预生产型 V6 机的初步设计和所需调整最终定稿。

研发继续进行

1944年8月1日，德国政府成立军备专案组（Rüstungsstab），由军备部长施佩尔领导，管理所有飞机的制造以及掌控德国陆军和海军的生产需求。同时，不甘大权旁落的帝国元帅戈林命令成立一个面面俱到的机构——航空设备技术部（Chef der Technischen Luftrüstung，即Chef TLR），由升迁至上校的迪辛指挥。在这个新机构中，西格弗里德·克内迈尔（Siegfried Knemeyer）中校被指派为飞机研发处负责人，他对霍顿兄弟的飞翼机研发一直相当关切，曾在1944年中派遣代表前往哥廷根视察H IX的研发进度。

1944年8月，西格弗里德·克内迈尔中校（左一）和雷玛尔（右一）在观看飞机演示。

自从戈林敲定H IX作为"3×1000轰炸机"开始研发后，霍顿兄弟团队便一直受到德国空军的层层保护。例如，戈林的帝国元帅办公室发布过一条命令：上尉军衔的瓦尔特和中尉军衔的雷玛尔已经不被认为是德国空军的人员，这意味着他们被排除在前线战斗当中。

在1944年9月，一位陆军军官来到哥廷根，对霍顿兄弟表示：他身负希特勒的委托，前来征集投身东线战场的"英雄"。瓦尔特明白如果听凭对方行事，团队的大量技术人员将沦为前线的炮灰，他立刻打通柏林的电话，通过个人关系向德国空军的高层求援。很快，这名军官得到了来自上级的答复：德国空军第九特遣队属于德国空军的编制，陆军人员没有权力从该单位抽调人员。这名军官悻悻而去，霍顿兄弟团队的研发工作得以不受障碍地继续向前推进。

11月，H VII原型机在完成一系列飞行测试后在奥拉宁堡向戈林进行展示，以向军方展示霍顿兄弟的技术实力——由于H IX项目被列为绝密，帝国航空部一直在调查霍顿兄弟同时展开其他飞翼机项目的可行性。戈林带上了他的一整套幕僚班子，对雷玛尔表示希望能看到这架霍顿飞翼的单发飞行性能展示："以前那些双引擎的双翼机在只剩一台发动机的时候表现得都不好，所以我们想看看你的H VII有没有一样的问题。"

对帝国元帅的要求，雷玛尔显得胸有成竹，他和试飞员沙伊德豪尔叮嘱了一番后，展示飞行开始。沙伊德豪尔驾驶H VII号机从奥拉宁堡的跑道起飞，在戈林头顶上 100 米的高度进行转弯、侧滑等一系列机动。随后，沙伊德豪尔关闭一台 As 10SC 活塞发动机，完全不受影响地完成各种特技机动。至此，H VII 的单发飞行性能已经得到证明。地面上，戈林对飞机的表现非常满意："真是了不起，到这里就可以了，让他降落吧！"

展示飞行的项目完成，接下来，沙伊德豪尔试图在 500 米将关闭的发动机重新启动，结果发现没有任何动静——由于长时间暴露在寒冷的温度下，活塞发动机出现故障。无奈之下，他只能准备单发着陆。沙伊德豪尔试图放下起落架，却尴尬地发现它的液压泵是由那台出故障的发动机驱动的。现在失去了动力之后，起落架无法正常放下。沙伊德豪尔只得启用紧急措施，使用一个压缩空气瓶驱动起落架。经过一番操作，沙伊德豪尔没有看到指示正常的绿灯亮起，这意味着起落架只能放下一部分而没有锁定，这样的条件是没有办法安全降落的。

此时，沙伊德豪尔已经没有更多办法，他驾驶飞机对准跑道，尽量小心地逐渐降低高度。果然，起落架一接触地面便被 H VII 的重量压垮，整架飞机的机腹在跑道上高速摩擦，发出刺耳的声音，而后方的推进螺旋桨已经完全弯折。在极其尴尬的气氛中，沙伊德豪尔打开座舱盖，爬出驾驶舱。

戈林转头安慰雷玛尔："我很少看到一架新飞机的演示飞行是一帆风顺的，这是一架好飞机……很好。"戈林已经确认了 H VII 的单发飞行性能，他明白这次偶发事故是发动机故障引起的。帝国元帅叮嘱雷玛尔：H VII 是一架出色的飞机，他期待着 Ho 229 的首飞。

不过，此时霍顿兄弟团队没有体会到的一点是：Ho 229 的动力系统和 H VII 相比则是天壤之别——单台 As 10SC 活塞发动机的输出功率不

超过 250 马力，而未来的 Jumo 004 B 发动机的推力可以折算成 35000 马力功率！因而，Ho 229 的单发飞行难度将呈几何级数提升。

这一阶段，除了 H IX/Ho 229 V1 原型机的制造，霍顿兄弟继续进行其他飞翼机的研发。雷玛尔一直对飞翼机的跨音速飞行充满兴趣，因而他决定将一对 H III 的机翼调整为 60 度后掠角，以此作为高速飞翼的可行性研究。在巴特赫斯菲尔德厂房，雷玛尔启动了这款大后掠角滑翔机的研发，为了表明它和 H III 的关系，雷玛尔将其命名为 H XIII。

H XIII a 尾部的驾驶舱，可见其前上方的视野非常恶劣。

俯拍飞行中的 H XIII a，几乎看不到被机翼遮挡的尾部驾驶舱。

该型号第一款 H XIII a 的造型相当奇特，飞

行员配备卧姿的座椅，整个驾驶舱悬挂在箭头状飞翼中心线的后下方——这意味着前上方的视野被机翼完全阻挡。经历四个月的工期后，H XIII a 制造完成，随后进行过若干次滑翔试飞，为雷玛尔积累一定的经验。

以此为基础，雷玛尔在巴特赫斯菲尔德开始超音速飞翼机 H X 的设计。在不同的阶段，H X 存在最少三种构型。

最初，H X 的研发基于德国最先进的 HeS 011 发动机，其性能指标高达 1300 公斤推力。为最大限度地降低阻力，雷玛尔将其设计为一个巨大的三角形飞翼，飞行员的俯卧式座舱完全融入机翼当中，而飞翼尾部正上方的位置安置一台 HeS 011 发动机。这一版本的 H X 沿袭霍顿飞翼的传统，没有配备垂直尾翼，而是在翼尖增设一副舌形侧舵起到阻力舵的作用。

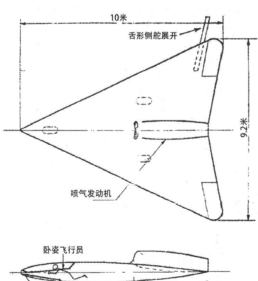

盟军整理的 H X 设计方案之一，可见舌形侧舵。

通过进一步研究，雷玛尔发现舌形侧舵无法保证航向的有效控制，不得不放弃自己的纯飞翼理念，在 HeS 011 发动机的正上方加装一副垂直尾翼。这样一来，如果采用常规的抛弃座舱盖跳伞的方案，后方的整个发动机进气口和垂直尾翼便会严重威胁到飞行员的安全。为此，雷玛尔为飞行员特别设计从 H X 驾驶舱下方舱门弃机跳伞的方案。

根据雷玛尔的推算，在上千公里的高速飞行条件下，飞行员的体质难以承受 10G 以上的大过载机动，同时弃机跳伞时迎面而来的高速气流将会对飞行员的身体造成严重伤害。为了同时解决这两个难点，雷玛尔与他的朋友——德国航空研究所下属的航空医学研究所所长齐格弗里德·拉夫（Siegfried Ruff）教授展开一番研究。雷玛尔是在 30 年代与拉夫教授结识的，当时后者向尚且年幼的雷玛尔传授了一些飞行知识。战争期间，拉夫教授使用达豪集中营的囚犯进行模拟高空环境的人体试验，获得一定的研究成果，人体试验具有非人道性质，这是他一生的污点。

在拉夫教授的启发下，雷玛尔提出一个前无古人、后无来者的设计——在驾驶舱内灌满清水，让飞行员戴上全套氧气设备在万米高空像个潜水员一样驾驶飞机。他是这样解释自己的思路的：

德国航空研究所下属的航空医学研究所所长齐格弗里德·拉夫教授，他的研究启发雷玛尔提出"灌水驾驶舱"的奇特设计。

……我开始思考我们怎样使人类飞行员在高机动转弯，例如高速缠斗中经受 10G 或者更高的加速度。想法的起点是我们要把这架飞机飞到 10 公里的高度上……在 10 公里的高度，我们要给飞行员提供氧气,所以我想我们可以制造一个充满水的驾驶舱,飞行员在这个"水箱"中戴上氧气面罩和导管执行高速任务。在跳伞时,飞行员可以戴着他的氧气面罩和降落伞落地。这种水箱式驾驶舱要装满水。我估计这个结构可能要消耗掉我们 100 公斤的重量。灌注的水大概是 100 到 150 公斤。对于整个驾驶舱,加上飞行员和仪器的重量大约重 500 公斤。

毫无疑问,雷玛尔的方案存在诸多致命缺陷:首先,驾驶舱内各仪器的水密性无法保证,故障率必然居高不下;其次,飞行员相当于浸泡在一个金鱼缸当中,运动和视野将受到极大阻碍;再次,万米高空的温度在零下 30 度左右,以当时的技术条件几乎不可能保持适当的水温供飞行员运作;最后,整套注水驾驶舱加上飞行员的重量将达到 500 公斤左右,必然极大影响飞机性能。

需要补充说明的是,如果霍顿兄弟团队真的排除万难将注水驾驶舱版的 H X 研发成功,飞行员在弃机跳伞时,将在数百公斤清水的包围下从驾驶舱下方倾泻而出——几乎和抽水马桶的运作如出一辙。

经过反复考虑,以上两个构型均没有走到最后,在雷玛尔战后的个人自传《飞翼机(Nurflügel)》中,他描述的 H X 回归为比较传统的设计,其机头-驾驶舱-发动机舱的整体机身结构自成一体,大后掠角的两副机翼安置在机身下方。

此外,为响应战争末期德国空军对低成本、操作简易、能够快速形成战斗力的"人民战斗机(Volksjäger)"需求,雷玛尔将从 H XIII 项目衍生出的 H XIII b 设计并入 H X 项目。该型号的机身线条轮廓极富视觉冲击力:两副大后掠角

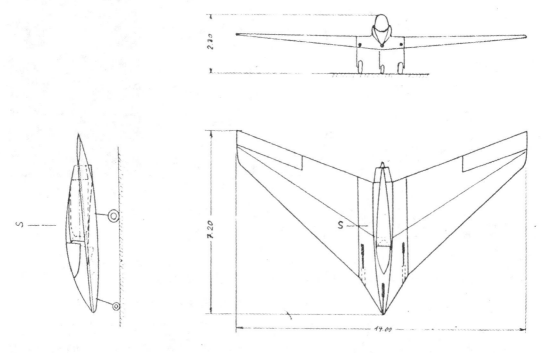

雷玛尔在《飞翼机》中展示的 H X 方案。

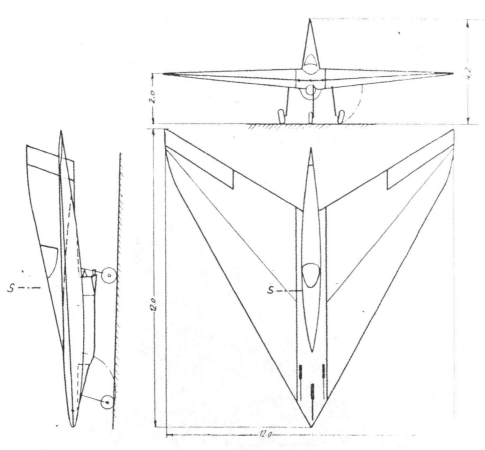

H XIII b 三视图。

H XIII b 效果图。

的飞翼之下安设一台配备液体火箭助推的喷气式发动机，机翼上方的驾驶舱/背鳍/垂直尾翼合并为一副巨大的三角形翼面，飞行员实际上是端坐在垂直尾翼结构当中的。

毫无疑问，H XIII b 这个独特的驾驶舱布局和利皮施博士在维也纳航空研究所的 P 13a 截击机如出一辙，而整体气动布局也基本类似。战争结束后，霍顿兄弟多次强调 H XIII b 是独立自主的设计，与利皮施毫无关联。不过航空史学家依然指出，有相当数量的利皮施博士高速飞行器设计在哥廷根的风洞中展开吹风试验，以瓦尔特在德国空军之内的职位，完全有权限接触到相应的试验资料。

不过，无论事实真相如何，由于纳粹德国的迅速崩溃，H X 和 H XIII b 均没有一架成品问世。

利皮施博士的 P 13a 截击机效果图，霍顿兄弟的 H XIII b 与其极为相似。

Ho 229 V2 原型机完工

1944 年底，历经超过半年的调整工作，Ho 229 V2 原型机的机身内终于安装上两台 Jumo 004 喷气发动机，整架飞机接近完工。

总体设计

基于霍顿兄弟十余年飞翼机研发的经验，Ho 229 V2 原型机的气动外形设计依照稳扎稳打的战略，相对保守。机翼前缘的后掠角缩减至较为适中的 32 度；翼展为 16 米，大致相当于 H V 和 H VII；机身长度则为 6.5 米。左右机翼后缘的线条连接成一个优美的蝙蝠尾造型，与 H IV 类似。飞机采用较为新潮的前三点起落架布局，两台 Jumo 004 喷气式发动机一左一右地

1944 年 11 月，Ho 229 V2 原型机在哥廷根接近完工。

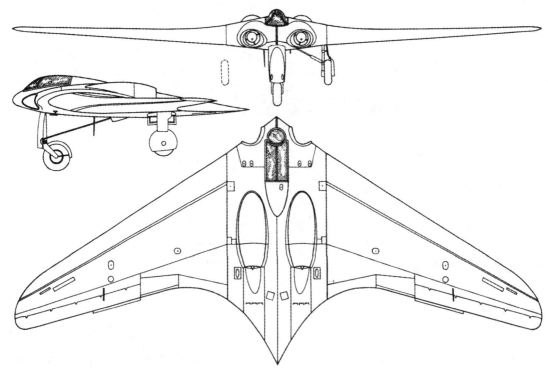

Ho 229 V2 原型机三视图。

安置在飞行员座椅后方两侧。以 20 世纪 40 年代的标准，该机的外形极度前卫科幻。

机身中段结构

Ho 229 V2 原型机延续从 H II 滑翔机开始的霍顿兄弟传统设计，即金属管拼接的立体构架组成机身中段结构，再与两侧的木质机翼拼合，机身表面以桦木胶合板蒙皮包裹。此类构架式机身多用于早期低速的小型飞机，其优点是加工较为简易，能为霍顿兄弟所熟练运用，缺点为空气动力性能欠佳、抗扭刚度差。根据霍顿兄弟团队主力焊工文策尔的回忆，这套金属管质地的机身中段结构非常轻，但高温条件下会发生熔解甚至起火燃烧，因而他在调整金属管布置时不得不保持高度的专注。在制造阶段，雷玛尔意识到 V2 原型机在结构强度上的不足，

机身中段结构难以承受两台喷气式发动机的推力。为此，他特别作出规定：Ho 229 V2 原型机试飞时，Jumo 004 的推力不能超过 75%。

此外，由于金属管交错布设，构架式机身内部有效承载空间存在相当大的局限性，较难得到充分利用。在多个版本的 V2 原型机机身中段结构制造过程中，雷玛尔几乎就是见缝插针地将喷气式发动机以及进气道、尾喷管安设在纵横交错的金属管之间的。只要发动机尺寸规格发生变化，其周围的金属管布设就必须重新调整。从 1942 年到 1944 年底，团队主力焊工文策尔的首要职责一直都是反复调整各个版本的机身中段结构，耗费了大量的时间和精力。

在 Ho 229 V2 原型机最终定稿时，机身中段结构仍然无法完整地安装下两台喷气式发动机。Jumo 004 必须向外旋转 15 度安装，前端的环形启动机油箱和滑油箱被迫拆下转移到其他位置，

两台喷气式发动机方能勉强安装在机身中段结构之内。显而易见，如果 Ho 229 系列在未来升级推力更强、尺寸更大的喷气式发动机——例如亨克尔公司的 HeS 011，其机身中段结构必须进行又一次伤筋动骨的调整。

框架式结构的另一个缺点是隔框的布设比较困难。由于进度紧迫，雷玛尔没有安设隔框将机身中段结构分隔为一个个舱体——在木质蒙皮之下只有金属管架构以及各种毫无遮掩的设备。这意味着飞行员座椅下方便是巨大的起落架，而一左一右则被两台 Jumo 004 发动机紧紧夹持！起飞时，时速上百公里的气流会从机身前下方的起落架舱门呼啸涌进驾驶舱，而飞行员左右两侧便是两台发出刺耳尖叫的喷气式发动机，源源不断地向后喷出数百度的高温燃气——这样的工作环境对任何一个飞行员而言都意味着巨大的危险系数。

作为不受限制的"非战略"材料，钢板用于V2 原型机的发动机进气口、整流罩、防火墙、包括起落架舱门在内的各种机身部件。此外，飞机的木质零部件可以在分散的小型车间中由非熟练的劳工制造，加工难度低于全金属飞机，这被视为 Ho 229 的一个优势。显而易见的一点是，木质零部件的强度偏弱，但在战争末期物资匮乏的困境中，霍顿兄弟已经无暇顾及。

机翼构造

翼根部位，机翼的横截面体现出浓厚的霍顿兄弟风格，最大弯度为弦长的 2%，逐渐以线性插值的方式过渡到翼尖部分的对称翼型。在机身中心线，机翼最大厚度为弦长的 15%，位于距离前缘 30% 弦长的位置；在机身中段结构和外翼段的接合点，机翼最大厚度为弦长的 13%；到翼尖位置，机翼最大厚度缩减至弦长的 8%。从翼根到翼尖，机翼被设计为负 1 度的几

进行喷气式发动机安装的 Ho 229 V2 原型机，可见机身中段结构复杂，发动机只能从后上方吊装入机身之内。

何扭转。加上负 0.687 度的气动扭转，机翼总共获得 1.687 度的负扭转。考虑到最大速度条件下翼尖下缘局部气流的临界马赫数，机翼的扭转明显小于先前的霍顿飞翼系列。几十年后，当代航空专家经过数值分析，确认雷玛尔没有在 Ho 229 V2 原型机上应用钟形升力分布理论，设计的工作量基本上消耗在复杂的发动机安装之上。和 H V 以及 H VII 类似，Ho 229 的空气动力学布局提供了可接受的最小纵向静稳定性裕度。

机翼的制造同样延续霍顿兄弟的传统，采用极为精密的木质结构，而没有选择第二次世界大战军用飞机常用的铝材，对此，雷玛尔的解释是：

我们的工人没有金属加工技能……金属工艺需要更多的时间和技能……材料用木头的话，你就可以使用没有经过（金工技能）训练的工人。（我们）制造一副金属机翼和一副木质机翼的速

度比大约是 1 比 10。这就是说 10 个小时造出一副金属机翼的话，1 个小时就能造一副木头的。因而，从第一天开始，H IX 的（机翼）设计就是木头。

Ho 229 机翼之内，主翼梁安装在前方的翼型最大厚度位置，作为主要的纵向受力件，承受机翼的大部分弯矩和剪力。主翼梁由上下两根坚固粗壮的松木缘条构成，在翼根位置通过金属接头与机身中段结构联结。两根缘条之间以多根垂直的木质支柱加以支撑，之间距离从翼根到翼尖逐渐收缩，最终合二为一。木质支柱的下方开有孔洞，安置的金属管用以容纳机翼操纵面的控制连杆机构。在机翼后方安装有辅助性质的后翼梁。两副翼梁串接起多副翼肋，以此构成机翼的基本框架。

H IX/Ho 229 项目最初，雷玛尔设计的机翼表面覆盖有 8 毫米厚的整体蒙皮，由 8 层桦木胶合板构成。作为对比，H VII 的机翼蒙皮厚度为

技术人员正在处理 Ho 229 的翼梁。

2.5 毫米。在 Ho 229 V1 原型机之上，8 毫米的蒙皮厚度被证明是安全的。然而，经过计算后，雷玛尔发现其强度无法支撑高速飞行条件下的应力，因而他将 Ho 229 V2 原型机的机翼前缘蒙皮厚度翻倍，达到 16 毫米，机翼其他位置仍然保持 8 毫米的蒙皮厚度。由于工厂很难处理 16 毫米的胶合板，雷玛尔决定用两层 8 毫米厚的胶合板重叠起来，以保证足够的强度。两层胶合板之间填充有 1 毫米厚的木屑黏合剂，从而使总厚度达到 17 毫米。在机身的其他位置，这种黏合剂用以修补不规则的空隙。

按照雷玛尔的估算，机翼蒙皮可以承受 12.6G 的极限过载，亦即 7G 的安全过载以及保证 1.8 倍的安全系数；在 1100 公里/小时速度俯冲时可以承受 10 米/秒阵风的冲击，保证 1.2 倍的安全系数；在 1320 公里/小时速度俯冲时，机翼刚度能够防止副翼变形扭转。需要指出的是，这些标准都是基于最高速度条件下的乐观估算，Ho 229 V2 原型机实际上没有在试飞中达到过以上指标。

控制面

Ho 229 外翼段后缘由三段全金属控制面占据，包括内侧的单段襟副翼和外侧的两段升降副翼。襟副翼主要用于起降阶段增加升力，最大可以放下 27 度（起飞时放下 10 度）。升降副翼配有 25% 补偿，兼顾飞机的滚转和俯仰控制。飞行员推杆压低机头时，外侧升降副翼向下偏转最大 5 度，内侧升降副翼向下偏转最大 30 度。飞行员拉杆抬起机头时，外侧升降副翼向上偏转最大 30 度，内侧升降副翼向上偏转最大 5 度。飞机向左滚转时，右翼外侧升降副翼向下偏转最大 2 度、内侧升降副翼向下偏转最大 20 度，左翼外侧升降副翼向上偏转最大 20 度、内侧升

降副翼向上偏转最大 2 度。飞机向右滚转时，右翼外侧升降副翼向上偏转最大 20 度、内侧升降副翼向上偏转最大 2 度，左翼外侧升降副翼向下偏转最大 2 度、内侧升降副翼向下偏转最大 20 度。

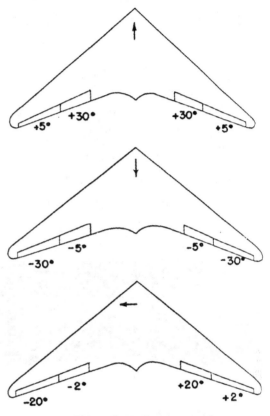

H IX/Ho 229 操纵面控制示意图。

为了在整个速度区间保持足够的方向控制，每侧翼尖的上下表面各安置有 2 组阻力舵（扰流板）。飞行员轻踩一侧踏板，会首先展开该方向外侧较小的阻力舵，能在高速条件下实现足够的方向控制；继续踩动踏板，会继续展开内侧较大的阻力舵，保证低速条件下的方向控制。如果飞行员同时踩下两侧踏板，两翼上下总共 8 副阻力舵均会全部打开，起到减速作用。踏板到阻力舵的控制力通过凸轮板传输，阻力舵展

开后，气流的作用力通过一个弹簧负载补偿装置得到部分抵消。这一机制实现了踏板和阻力舵动作之间接近线性关系。满舵时，踏板的控制力为1公斤，随着在飞机速度范围内只有非常小的变化。

为了在高速条件下增加飞行员对操纵杆的控制力，操纵杆设计为可以伸缩的形式，顶端可以延伸约5厘米，从而增大操纵力矩(梅塞施密特公司的Me 262 V10原型机上也有类似的设备进行测试)。在机身中段结构末端的下方，雷玛尔安置有一组扰流板，用于滑翔航线调整，以及作为减速板，可以在飞机最高速度条件下提供-0.33g的加速度。更后端的上方位置安装有一副减速伞，用以在降落时缩短滑跑距离。

按照雷玛尔的估算，Ho 229 V2原型机的副翼系统能够使飞机在2500米高度、900公里/小时条件下在4秒钟完成一个完整的滚转机动。

需要特别指出的是，由于飞翼布局的配平力矩较短、重心平衡困难，雷玛尔被迫在V2原型机的机头位置安装重达232公斤的配重。

V2原型机的制造伴随着V1原型机的试飞，由于后者在测试中体现出稳定性欠佳的问题，瓦尔特认为纯飞翼布局的Ho 229难以发展成为他理想中的高性能战斗机。为此，他一直计划在V2原型机试飞成功后，寻找合适的时机加装一副垂直尾翼继续进行测试。

发动机

V2原型机的机身内，安装两台1944年4月

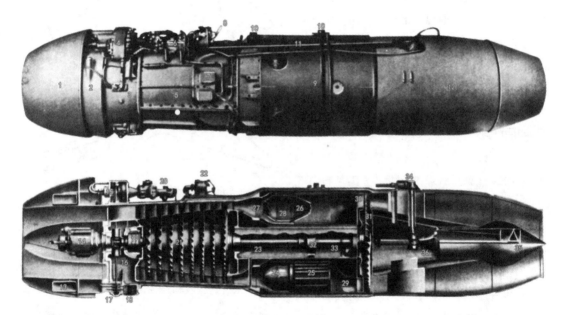

Jumo 004 B 发动机结构图。1. 前端整流罩；2. 滑油箱；3. 进气道外壳；4. 辅助齿轮箱；5. 压气机支撑板；6. 伺服马达；7. 点火装置；8. 控制杆；9. 外部壳体；10. 发动机挂点；11. 尾部整流锥驱动机件；12. 尾喷口外壳；13. 环状启动机油箱；14. 里德尔启动机；15. 燃料喷嘴；16. 附件驱动机件；17. 滑油泵；18. 滑油过滤器；19. 压气机前轴承；20. 调速器；21. 压气机转子；22. 燃油过滤器；23. 压气机后轴承；24. 燃烧室火焰筒；25. 多孔式气冷燃烧室；26. 火焰筒喷嘴；27. 燃烧室进口；28. 喷油器；29. 燃烧室喷嘴；30. 涡轮定子叶片；31. 涡轮；32. 涡轮前轴承；33. 涡轮后轴承及回油泵；34. 尾部整流锥控制机件；35. 可动尾部整流锥；36. 尾部整流锥支撑座。

出厂的 Jumo 004 B-1 涡轮喷气发动机。这是解决涡轮叶片震颤问题之后的第一个量产型号，也是第二次世界大战中德国最主要的喷气发动机，主要应用于梅塞施密特公司的 Me 262。不过，Jumo 004 B-1 的控制系统依然存在异常故障的隐患，一直到德国战败都无法解决。

Jumo 004 B-1 发动机技术参数	
主要构件	
压气机	8 级轴流压气机
燃烧室	6 组罐状燃烧室
涡轮	单级涡轮
尺寸及重量	
长（米）	3.864
直径（米）	0.8
正面投影面积（平方米）	0.586
重量（公斤，不包括整流罩及附件）	720
性能	
静态推力（公斤）	900
海平面推力（公斤）	730
10000 米高度推力（公斤）	320
转速（转/分钟）	8700±50
压缩比	3.0 : 1 至 3.5 : 1
耗油率（公斤/公斤推力·小时）	1.38
空气流量（公斤/秒）	21
燃气温度（摄氏度）	最大 700

发动机喷口后方，机翼的上表面覆盖有一层钢板，起到保护作用。这层钢板和胶合板机翼上表面并非直接接触，而是在中间留出 10 毫米的空隙，以起到隔热作用。此外，来自前方的空气从空隙中流过，也能带走钢板的一部分热量。

根据霍顿兄弟团队技术员威利·雷丁格（Willi Radinger）的回忆，Jumo 004 安装在 Ho 229 V2 原型机上的过程颇有难度。首先，需要将发动机吊挂至 V2 原型机的机身中段结构发动机安装位置上方，再将其前端降下，从后至前穿到飞机主翼梁下方的位置。接下来，将发动机向前推动，同时降下其后端，直至与机翼上表面平行。与之相比，梅塞施密特公司 Me 262 的 Jumo 004 发动机安装位置处在没有遮挡的机翼下方，而且配有专门的起重设施，安装和拆卸极为方便。

油箱

1943 年初，霍顿兄弟为戈林设计第一版 H IX 轰炸机的时候，计划用机翼内木质框架隔出的空间作为整体油箱，燃油总容量达到 3000 升，重量约 2500 公斤。为此，霍顿兄弟决定采用戴纳米特公司研发的新型胶水用以密封木材边缘的缝隙，但这种新材料迟迟未能供货。无奈之下，为了保证足够的安全，H IX/Ho 229 的燃油系统调整为八个独立铝制油箱的配置，每侧机翼主梁的前后各安置两个。要见缝插针地利用机翼内的空间，这些油箱造型极为不规则，需要专门定制。最终结果，燃油总量下降至 2400 升，约合 2000 公斤的重量。根据雷玛尔的估算，如轰炸机挂载两枚 1000 公斤炸弹，以 630 公里/小时的速度飞行，航程预计为 1880 公里；如炸弹换为两副 1250 升的巨型油箱，航程可以提高至 3150 公里。实际上，雷玛尔低估了 Jumo 004 喷气式发动机高昂的耗油率，但此时木已成舟，他已经无法对总体设计进行更多调整。

随着项目的推进，由于雷玛尔增设的 232

Ho 229 V2 的油箱，可见其造型特殊，需要专门定制以安装在机翼内的空间。

公斤机头配重的影响，V2 原型机的燃油总量被进一步削减至 1700 公斤，即 2000 升容量。

安装下两台涡轮喷气发动机以及相应的燃油系统之后，Ho 229 的空重增加超过 150%，机翼面积扩大 14%。可以说，V2 原型机和 V1 原型机相比，已经是截然不同的两架飞机。

起落架

Ho 229 V2 原型机采用前三点式起落架。从外观上看，其机头起落架轮直径超过 1 米，尺寸惊人，导致机头显著抬起，有别于普通的前三点式飞机。究其原因，是雷玛尔需要飞机在起飞阶段保持一定的迎角，以避免喷气式发动机吸入灰尘、石块和其他杂物，由此保证在条件恶劣的草皮跑道上起降的可能性。为此，雷玛尔决定延续 V1 原型机的方案，从 He 177 重型轰炸机的残骸上挪用一副机尾起落架轮作为机头起落架轮。整副机头起落架尺寸巨大，安装在 V2 原型机的驾驶舱正下方，收起时向后旋转 90 度安置在飞行员正后方的起落架舱当中。

V2 原型机的后方，两副主起落架轮来自一架废弃的 Bf 109G，安置在机身中段边缘，向内收起到两台喷气发动机的后侧。值得一提的是，V2 原型机之上还有相当数量的零部件从哥廷根机场的废弃飞机上收集而来——其中甚至包括美军的 B-24"解放者"重型轰炸机。

座舱

Ho 229 V1 和 V2 之上，座舱盖的规格和制造工艺大体相同。首先，霍顿兄弟设法获得大批树脂玻璃板材，其厚度大约为 10 毫米，尺寸超过 1 米×2 米，足以一次成型压制为整体座舱盖。团队的技术人员根据座舱盖的造型制造出一副木质模具，但缺乏软化树脂玻璃板材所需的加热炉。经过调查，霍顿兄弟发现在哥廷根地区的一家金属加工厂有这么一台合适的加热炉，于是联系其负责人展开合作。在夜间，金属加工厂的大部分工人都下班休息之后，霍顿兄弟团队的技术人员将树脂玻璃板材安放在加热炉之内，再将其启动。在高温条件下，模具顶端的树脂玻璃板材开始软化，"像一块湿手帕"。接下来，技术人员依靠夹具水平取出柔软的树脂玻璃板材，将其覆盖在木质模具上压实。待到树脂玻璃冷却之后，一副座舱盖便初具雏形。最后，只需将边缘的冗余部分修整完毕，座舱盖便可安装在飞机之上。

Ho 229 项目之初，瓦尔特判断飞机的实用升限将达到 12000 米的量级，普通的飞行服极难保证飞行员在高空低温环境的正常活动。为此，霍顿兄弟和戴纳米特公司合作设计了一款用于高空飞行的增压服，包括整体飞行服和密封头盔，外形相当科幻，宛若几十年后太空时代的宇航服。在 V2 原型机已经设计定型之后，霍顿兄弟方才收到这套增压服的样品。一名技术人员穿上增压服，坐进 V2 原型机的驾驶舱中进行体验，发现其尺寸相当惊人，在驾驶舱内几乎没有施展的空间。尤其严重的是增压服的手套部分极其臃肿，飞行员极难用手指准确拨动

霍顿兄弟为 Ho 229 准备的增压服，造型宛若太空时代的宇航服。

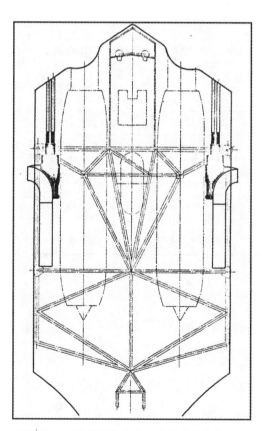 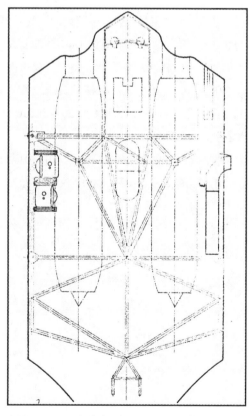

两款 Ho 229 武器配备方案：左侧方案装备 4 门 MK 108 加农炮；右侧方案装备 2 门 MK 108 加农炮和 2 副照相机。

驾驶舱内的各种开关和按钮。无需置疑，这套增压服缺乏实用性，霍顿兄弟只得将其放弃，把这个技术难题留给哥达工厂解决。

在 Ho 229 V2 原型机之上，霍顿兄弟为飞行员准备了一套机械动力的弹射座椅，在出现紧急情况、需要弃机逃生时可以借助弹簧的能量将飞行员连带座椅一起弹射出座舱。以雷玛尔的观点，由于 Ho 229 后方没有垂直尾翼阻碍，这一套系统的运作将优于各种传统布局的战机。

火力

Ho 229 是作为戈林的"3×1000 轰炸机"正式立项的，不过在霍顿兄弟——尤其是瓦尔特的心目中，该型号势必要发展为未来的高性能飞翼战斗机、德国空军在战争中翻盘的决胜兵器。为此，瓦尔特一直尝试着要为 Ho 229 加装大威力的 30 毫米 MK 103 加农炮。由于飞翼机内空间有限，霍顿兄弟持续进行各种武器配置的研究，包括安装 30 毫米 MK 108 和 20 毫米 MG 151 加农炮的可能性。

按照雷玛尔的设想，在后期发展中，Ho 229 将在两侧机翼下方各安装一副 12 枚 R4M 空对空火箭弹的木质发射架，总共挂弹 24 枚。不过，由于纳粹德国崩溃的速度过快，霍顿兄弟造出的 Ho 229 V1/V2 均为无武装的原型机，以上计划完全没有付诸实施的机会。

Ho 229 V2 原型机性能参数	
翼展	16.8 米
机头后掠角	32.2 度
梯形比	7.8
翼根相对厚度	13.8%
机翼面积	52.8 平方米
机身中段结构宽度	3.2 米
驾驶舱宽度	0.8 米
驾驶舱高度	1.1 米
空重	4844 公斤
配重(武器)	232 公斤
有效载荷	100 公斤
燃料	1700 公斤
最大重量	6876 公斤
翼载荷	130 公斤/平方米
失速速度	150 公里/小时
着陆速度	130 公里/小时
巡航速度	900 公里/小时
最高速度(海平面高度)	960 公里/小时
最大允许速度	1000 公里/小时

奥拉宁堡的大蝙蝠

Ho 229 V2 原型机在格罗尼厂房完工后，其外翼段被拆除，机身中段结构的起落架轮放下，由牵引车拖曳至 3 公里外的哥廷根空军基地，外翼段也随后被运达。接下来，机身中段结构和外翼段装上多轮卡车，通过高速公路在 11 月 19 日向奥拉宁堡机场转移，准备进行飞行测试。

瓦尔特派出一支不到 10 人的小队伍，前往奥拉宁堡执行 V2 原型机的试飞工作。

对来自哥廷根的技术人员而言，奥拉宁堡机场是一个截然不同的新环境，大量德国空军最新战机正在进行测试，包括梅塞施密特公司的 Me 262 喷气式战斗机、Me 163 火箭战斗机、

1944 年 11 月，Ho 229 V2 原型机的外翼段通过公路运往奥拉宁堡机场。

阿拉多公司的 Ar 234C 喷气轰炸机、容克斯公司安装高空涡轮增压发动机的 Ju 88 轰炸机等。除此之外，德国空军极机密的 KG 200 联队也有一部驻扎在奥拉宁堡。机场范围内坐落着五个大型机库(亨克尔公司占据其中之一)，包括一个设施齐全的维修机库。每一个机库分配有特定的用途，戒备森严，机库的窗户均由不透光材料密封严实，内部则是灯火通明。机库之内安设有卫生间、中央供暖系统等服务设施，工作人员可以全天候在机库之内进行自己的工作，无关人员严禁进入。在 1944 年的冬天，霍顿兄弟团队每天 8:00 进入机库进行 Ho 229 V2 原型机的整备工作，18:00 结束工作。如果项目进度需求，工作人员往往通宵达旦地加班。

奥拉宁堡基地之内，军官和低级士官各自在不同的食堂用餐。对于罗斯勒这样的技术人员而言，伙食质量欠佳，分量也相对不足。平日里，早餐是简单的面包和咖啡。由于还有半天的体力劳动需要消耗相当的热量，基地的午餐较为正式，餐桌上最常见的是面包、马铃薯和圆菜头，肉类和黄油的分量极少。到了晚餐，食堂提供的只有冷饭冷菜了。如果工作需要维持到晚上，技术人员们也能获得面包和咖啡。除此之外，基地定期向团队成员发放包括巧克力和香烟在内的补给品。

在宿舍区，团队每一名技术人员都分配有独立的宿舍，其中最重要的家具是取暖用的煤炉。然而，在 1944 年至 1945 年之间，柏林以北的奥拉宁堡地区遭遇了几十年来最冷的一个冬天：昼间温度最高只有零下 12 至零下 8 摄氏度，而夜间温度只有零下 20 至零下 18 摄氏度。基地分配给每个人取暖的燃煤份额明显不足以熬过

战后照片，奥拉宁堡机场巨大的机库已经被涂鸦覆盖。

漫长冰冷的夜晚，Ho 229 团队的技术人员被迫时不时地潜入机场的中央供暖锅炉房，顺手牵羊地"搞"一些燃煤回宿舍。即便如此，大部情况下技术人员们还是需要在睡觉时穿上全套服装以抵御刺骨的寒气。有时候，奥拉宁堡基地的中央供暖系统故障，所有的大型机库便冷若冰窟，Ho 229 团队中的飞行任务负责人鲁道夫·普鲁斯勒（Rudolf Preussler）甚至还患上了冻疮。

经过一番努力，Ho 229 V2 的两副外翼段重新安装在机身中段结构之上。一架通体流线光顺、极具科幻色彩的飞翼机傲然出现在奥拉宁堡，顿时引发一场小小的轰动。很快，机场人员给这架新飞机取了一个恰如其分的外号——"蝙蝠（Fledermaus）"。

的滑翔机，他驾机升空之后的一举一动都带着滑翔机飞行员的传统惯性，现在团队试飞的型号是一架总重 7 吨、配备两台最先进涡轮喷气式发动机的新锐飞机。对此，雷玛尔认为沙伊德豪尔并非合适的人选：

> 沙伊德豪尔飞亨克尔 He III 的时候也像是在飞滑翔机一样。他总是想关掉发动机，沿着一条长长的航线降落到跑道上，大飞机可不能这样子飞。大飞机需要真正的（动力）降落，而不是滑翔机那样的滑翔降落。沙伊德豪尔理解不了这个，他总觉得那种又远又飘的降落航线是最合适的……这么大的一架飞机，绝对不能关闭发动机用滑翔方式降落。相反，在降落的时候你最少要保持发动机有一定的动力，不然如

在奥拉宁堡机场跑道上进行测试的 Ho 229 V2 原型机。

接下来，霍顿兄弟需要为 Ho 229 V2 原型机确定一名试飞员人选。

当时，沙伊德豪尔中尉堪称全世界经验最丰富的飞翼机驾驶员，试飞过几乎所有的霍顿兄弟飞翼——包括九个月前的 Ho 229 V1 原型机。不过在雷玛尔眼中，沙伊德豪尔只是一名技艺精湛的滑翔机飞行员，而非 Ho 229 V2 需要的喷气机试飞员。原因很简单，在过去的十余年时间内，沙伊德豪尔最熟悉的便是各式各样

果你的高度太低、需要增加动力的时候，你就会由于发动机停车而什么都干不了——这是一件非常糟糕的事情。

为此，雷玛尔将目光投向了艾尔温·齐勒。加入霍顿兄弟团队之后，他在大半年时间中试飞过大量的霍顿滑翔飞翼机（H II、H III b、H III f 和 H IV）以及动力飞翼机（H III d 和 H VII）。以雷玛尔的角度，齐勒拥有 6000 小时以上的飞

行时数，经验完全不逊色于沙伊德豪尔。而且，齐勒工作主动积极，能够以试飞员的身份领会设计师雷玛尔的需求，再直接贯彻到试飞工作当中去。因而，雷玛尔对齐勒持有相当高的评价：

齐勒比沙伊德豪尔更能理解我的意思，能更多地以工程师的思路处理问题。如果我告诉他，我想测试什么样的降落方式，齐勒很轻易地就能明白。我们之间的沟通很顺畅，但和沙伊德豪尔就不行。要怎么起飞、怎么操控、要怎么飞出临界速度，沙伊德豪尔就是不理解。他绝对不适合当一名试飞员。

一切顺理成章，齐勒成为 Ho 229 V2 原型机的正选试飞员，而沙伊德豪尔作为备选人员。至此，在奥拉宁堡的 Ho 229 试飞团队中，齐勒是除了霍顿兄弟之外的最高指挥官，另外普鲁斯勒负责飞行任务，罗斯勒负责飞机维护，而来自阿拉多公司的瓦尔特·布鲁姆（Walter Blume）负责收集数据、联络 Ho 229 的量产厂家哥达工厂。

奥拉宁堡机场的工作展开之后的 1944 年 12

月 11 日至 22 日，齐勒分三次驾驶先期送达的 Ho 229 V1 无动力原型机升空飞行，积累了大约 1.5 小时的飞行时间。

12 月 23 日，Ho 229 V2 原型机第一次进行 Jumo 004 喷气发动机的地面试车。在后续的一次测试中，V2 原型机右侧的发动机出现异常。团队维护主管沃尔特·罗斯勒回忆：

右侧的容克斯 Jumo 004B 发动机忽然失速然后停车了。没有人知道这是为什么。它从 5000 转/分减速到 3000 转/分，接着到 500 转/分然后停车了。容克斯公司的两名涡轮喷气发动机专家把那台 Jumo 004B 检查了个遍，但没有发现什么地方出问题了。后来，他们试着重新启动发动机，它又运转起来了。看起来一切正常。不过，瓦尔特还是想换掉这台容克斯 Jumo 004B，但是他找不到其他替换的发动机了。而且，这个问题再也没有出现过，所以瓦尔特说：那就这样继续 V2 原型机的测试工作吧。

很显然，霍顿兄弟团队遭遇到 Jumo 004 系列发动机的先天顽疾——无法预知、无法根除的发动机控制系统故障。技术人员们不了解这

奥拉宁堡机场的混凝土跑道上，座舱内的试飞员艾尔温·齐勒正在容克斯公司技术人员的指导下测试 Jumo 004 发动机，团队的其他人员协助稳定机身。

个缺陷的严重性，也没有更多的选择，只能基于现有的发动机继续测试。

发动机地面试车过后，Ho 229 团队准备按部就班地进行 V2 原型机的动力滑跑测试，告一段落之后方才进行飞机的升空试飞。当时，由于天气寒冷，奥拉宁堡的跑道上出现结冰积雪现象，不适合立即展开地面滑行。飞行任务主管鲁道夫·普鲁斯勒建议齐勒延后测试流程。不过，东线战局的压力使齐勒感觉到奥拉宁堡很快就会被苏联红军占领，他急切需要尽早完成整套试飞任务，带领团队返回西方国土纵深的哥廷根。

在一次滑行中，齐勒启动发动机后发现 V2 原型机的速度过快，已经无法在结冰的跑道上刹车停下。眼看飞机就要冲出跑道尽头，齐勒将操纵杆向后猛拉，只见两台 Jumo 004B 发动机发出刺耳的尖啸，推动 Ho 229 V2 原型机从奥拉宁堡跑道上一跃而起。

由于地面滑跑测试中 V2 原型机只加注少量燃油，齐勒明白飞机极有可能无法完成常规的五边进近降落。他直接向左急转，在一个 180 度的转弯后压低机头，沿着跑道平行的方向在结满冰霜的草地上降落。V2 原型机以上百公里的时速重重地落在草地上，反弹了几次，速度开始减缓，最后滑上水泥跑道停稳。

短短十几秒钟之内，奥拉宁堡机场所有在场人员在完全没有准备的情况下地目睹 Ho 229 V2 原型机第一次起飞升空、降落地面的全过程——V2 原型机的"首飞"已经完成了！

V2 原型机这次始料未及的"首飞"完全在正规的试飞流程之外，因而齐勒没有将其记录在个人的飞行日志之上，因而其准确日期已经无从考证。不过，整个 Ho 229 团队士气大涨——他们已经确认霍顿兄弟的这架新型喷气式飞翼能够顺利地起飞降落，项目的成功已经是唾手可得了。

事后，技术人员发现 V2 原型机的机身中段结构隆起一大块。经检查，在强大的冲击力作用下，V2 原型机主起落架向后弯曲，油压减震支柱发生移位，穿透进入机翼达 1.5 厘米。需要一番整修，主起落架才能重新收回到起落架舱中。

接下来，Ho 229 团队花费六个星期左右的时间来修复 V2 原型机损坏的结构。首先，左右两副机翼从机身中段结构上被除下。其次，机身中段结构上下的木质蒙皮被完全移开，露出金属管状结构。由于损坏较重，霍顿兄弟命令团队的焊工从哥廷根赶往奥拉宁堡支援修复工作。

同一时期，为熟悉 Jumo 004 涡轮喷气发动机的操作规范，齐勒少尉专门前往雷希林的德国空军测试中心进行 Me 262 的飞行体验。12 月 29 日，齐勒少尉驾驶一架双座型的"红 5"号 Me 262 B-1a（工厂编号 130010，机身号 E3＋04），在 15:20 至 15:30、15:40 至 15:50 起飞升空，顺利完成两次双引擎喷气式飞机的体验飞行。12 月 30 日，齐勒少尉驾驶一架 Me 262 A-1a（工厂编号 130018，机身号 E3＋01），在 12:18 至 12:30、13:05 至 13:25 之间完成两次体验飞行。12 月 31 日，齐勒少尉完成个人最长的一次喷气机体验飞行，这次他驾驶的是一架 Me 262 A（工厂编号 130165，机身号 E4＋E5），飞行时间从 09:45 至 10:10，总共持续 35 分钟。

至此，齐勒少尉在 Me 262 上完成总共 5 次体验飞行，飞行时数不到 2 小时。大致与此同时，霍顿兄弟也安排沙伊德豪尔参与 Me 262 的体验飞行，但一直没有付诸实施。

这一阶段，霍顿兄弟的其他飞翼机研究继续进行。在霍恩贝格(Hornberg)机场，德国空军第九特遣队建立起一个子工厂，着手将 H III g

改装为 H III h。在这家小企业中，担任空气动力学计算的正是古尼尔德·霍顿和她未来的丈夫卡尔·尼克尔。至此，霍顿家的三兄弟和小妹妹均以各自的方式成为德国空军的一分子。

卡尔·尼克尔和古尼尔德·霍顿一起加入霍恩贝格的子工厂。

耐人寻味的是，霍顿兄弟在巴特赫斯菲尔德厂房秘密开始一个 H XI 滑翔机项目。该型号翼展 12 米，构型类似 H IV。雷玛尔一方面打算用这个型号验证 H IX 的操控系统，一方面计划在战争结束后将其作为团队的主力商品投放市场——到这一阶段，第三帝国的毁灭已经不言而喻，可以说霍顿兄弟已经开始为未来的生计早早进行准备。不过，随着 H IX V1 原型机的研发进展，H XI 计划最终中止。

战争末期，德国空军收集到相当数量的 P-51 "野马"战斗机资料，研究表明，该机的层流翼型具备阻力低的突出优点。因而，雷玛尔决定将一架 H IV 改装为层流翼型，编号为 H IV b。该型号的翼梁为铝制结构，机头延长

在 H IV b 号机事故中身亡的试飞员赫尔曼·斯特雷贝尔。

1.8 米，同时机翼表面尽可能保持和 P-51 相当的光滑流线程度。

不过，H IV b 的飞行性能令人失望：容易进入尾旋、机翼在 105 公里/小时速度下出现震颤。在 1945 年 1 月 18 日的试飞中，H IV b 号机坠毁，试飞员赫尔曼·斯特雷贝尔（Herman Strebel）当场身亡，该项目随即中止。

与 H IV b 同步，雷玛尔基于层流翼型展开全新的 H XII 教练机研发工作。按照雷玛尔的设想，该型号配备一台 90 马力的活塞发动机，有潜力成为一款受欢迎的航空俱乐部飞机。在战争结束前，该机进行过若干次滑翔试验，没有来得及安装发动机。除此之外，雷玛尔的另一款商业项目——H XIV 运动飞机计划也最终夭折。

H VIII 和 H XVIII

1944 年 11 月，帝国航空部内负责德国空军航空科技发展的克内迈尔上校来到德国空军第九特遣队驻地，专程体验霍顿兄弟的飞翼。克内迈尔爬上一架 H VII，在前方的学员舱位中准备就绪，而瓦尔特则坐进后方的教员座椅。飞机起飞爬升到足够的高度后，瓦尔特松开操纵杆，让克内迈尔尽情体验飞机的操纵手感。H VII 降落之后，克内迈尔对瓦尔特大力褒奖飞翼机的性能："这个设计是对的，这就是远程轰炸机正确的思路。"

战争末期，试飞霍顿飞翼的西格弗里德·克内迈尔上校。

西格弗里德·克内迈尔上校驾驶的 H VII 即将着陆。

对于这一番话，瓦尔特最初颇为迷惑，因为现阶段，德国空军已经装备有不少"远程"轰炸机，例如 Me 264、He 177 等型号都可以从德国腹地起飞空袭英国本土——正如从海峡对岸夜以继日对德国展开战略空袭的 B-17"空中堡垒"、B-24"解放者"和"兰开斯特"轰炸机一样。以一名前战斗机飞行员的角度，瓦尔特认为要执行对英国的战略轰炸任务，德国空军缺的不是轰炸机，而是和盟军的"野马""雷电""闪电"一样优秀的远程护航战斗机，这一块短板自从四年前不列颠之战的惨败之后便没有得到任何改善。因而，克内迈尔提出飞翼机设计适合远程轰炸机，这在瓦尔特看来完全多此一举。

两个月后，过完 1945 年元旦，瓦尔特接到克内迈尔的一通电话："你能制造一架飞翼机在德国和美国之间完成往返飞行吗？"这时候，瓦尔特方才恍然大悟：原来克内迈尔需要的"远程轰炸机"并非针对英国，它的目标是大西洋彼岸的美国！瓦尔特告诉对方，这是一个非常复杂的问题，霍顿兄弟需要 8 到 10 天才能给出答复。

从其他消息渠道，瓦尔特了解到德国航空研究所（Deutsche Versuchsanstalt für Luftfahrt，缩写 DVL）的负责人京特·博克（Günther Bock）教授正在召集德国境内最大的五家飞机制造商，展开具备跨大西洋空袭能力的"美洲轰炸机"竞标。结果，各厂家在第一轮中提出的方案均无法满足军方的要求，也许这正是克内迈尔与霍顿兄弟接触的原因。

在东西两条战线节节败退的乱象之中，为什么军方提出这么一个轰炸美国的超远程轰炸机项目呢？即便能够研发成功，并有少数装备部队，这种轰炸机又能对战局产生多少影响呢？瓦尔特回想起先前与一位火车司机的交流，对方表示：他曾经开着一列火车从捷克斯洛伐克开往奥地利，半路上被党卫军截停，要求挂上两节装载有重要货物的车皮。党卫军以不容置疑的口吻叮嘱火车司机："这是最高机密，我们不能向你透露任何细节，不过它的爆炸威力是前所未有的！"

据此，瓦尔特认定德国已经秘密研发出划时代的终极武器——原子弹，即便只有少量轰炸机能够飞抵美国本土，投下原子弹之后也足以扭转战局！以此为出发点，霍顿兄弟在哥廷根的德国空军第九特遣队驻地开始构思这款性能前无古人的远程轰炸机。当时，H IX/Ho 229 的研发已经告一段落，飞机即将进入最后的试飞阶段，雷玛尔因而具备相当充裕的时间展开分析和研究。

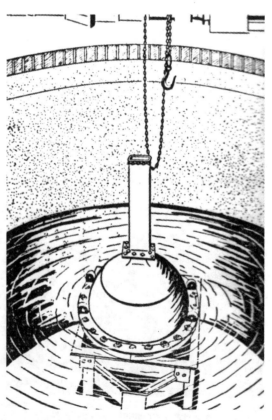

德国原子弹想象图，一个注定失败的项目。

在哥廷根高速公路旁的这栋建筑中，雷玛尔展开 H VIII 的设计。

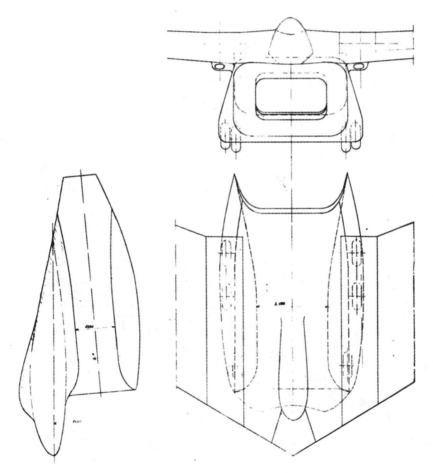

H VIII 机身中段结构三视图，极为独特的"飞行风洞"造型。

经过三天的计算,雷玛尔得出一个结论:如果继续沿用自己得心应手的飞翼设计来进行这次竞标,霍顿兄弟型号的性能将遥遥领先于其他厂商,这次竞标志在必得。瓦尔特拨通了克内迈尔的电话,底气十足地表示霍顿兄弟能够研制出对方需要的飞机。"哦,非常好,"克内迈尔说,"回头等我通知你。"

在竞标之前,霍顿兄弟逐步理清自己的思路。到目前为止,雷玛尔还没有设计过如此庞大的飞翼机,因而他和瓦尔特讨论之后,决定采用稳步推进的战术,首先设计一款尺寸适度的大型飞翼机,再过渡到军方要求的"美洲轰炸机"。对于这个中间型号,雷玛尔给与 H VIII 的编号。

H VIII 的构思实际上起始于 1943 年,该型号基于技术成熟的 H III,翼展直接从 20 米翻倍到 40 米。H VIII 配备 6 台阿格斯 AS10 活塞发动机,通过动力轴驱动后方的推进式螺旋桨。

H VIII 的设计正式展开后,雷玛尔再次感受到切肤之痛——缺乏可用的风洞用以预先检验飞机设计的气动性能。因而,雷玛尔索性决定通过 H VIII 这个型号彻底改变现状,他将该型号的机头尽量抬高,机腹部分设计成前后贯通的空心造型,从而使飞机成为一个"飞行风洞"!按照雷玛尔的设想,将需要测试的飞机模型安置在 H VIII 机腹当中之后,飞行员驾机升空就等于进行模型的风洞吹风。

对于军方渴求的"美洲轰炸机",雷玛尔给与 H XVIII 的内部编号。该型号的翼展与 H VIII 相同,均为 40 米。雷玛尔先后为"美洲轰炸机"

H XVIII a 概念图。

制定两个不同的初始方案，其中 H XVIII a 在机翼内埋设六台 Jumo 004 喷气发动机，而 H XVIII b 则将喷气发动机与起落架舱一起挂载在机翼下方。

整体思路确定后，雷玛尔的工作重点在于 H VIII，对于"美洲轰炸机"，他仅仅是展开前期的概念设计和简单性能估算，并没有开始细节设计工作。按照雷玛尔的设想，等到 H VIII 试飞成功，他对大型飞机的研发获得足够的经验之后，H XVIII 的设计工作方能按部就班地展开。届时，H VIII 将作为"飞行风洞"对 H XVIII 的等比模型进行吹风试验。

Ho 229 V2 首飞

1945 年 2 月 2 日，Ho IX V2 原型机和齐勒准备就绪，霍顿兄弟也从哥廷根赶到奥拉宁堡机场，首次试飞正式拉开帷幕。

升空前，雷玛尔和齐勒再一次仔细检查飞机状况，确认所有设备运作正常。随后，雷玛尔登上奥拉宁堡的机场指挥塔台，命令齐勒起飞升空。

齐勒启动发动机，只见尾喷口中喷吐出两条明亮的红色火焰，推动飞翼机在跑道之上向前滑行。整个滑跑加速过程相当顺畅，宽大的飞翼为 8 吨重的飞机提供了足够的升力，V2 原型机毫不费力地一跃而起，沿着跑道方向越飞

越高，在背后只留下两道长长的尾烟。

当飞机爬升到 1000 米高度时，雷玛尔发出呼叫，建议齐勒稍微降低发动机推力，持续爬升。最后，V2 原型机爬升至 4000 米高空，速度一直保持在 500 公里/小时以下。在大约 30 分钟的飞行时间里，齐勒进行了一系列的转弯和侧滑机动，他发现 V2 原型机的操纵杆力很轻，操控品质令人满意。

试飞临近结束，雷玛尔呼叫齐勒在降落之前驾驶 V2 原型机低空飞过指挥塔台上空，以便他和沙伊德豪尔观察起落架是否已经放下。按照指示，齐勒放下飞机起落架，V2 原型机的速

1945 年 2 月，起飞升空前的 Ho 229 V2 原型机。

1945 年 2 月，飞行中的 Ho 229 V2 原型机。

度下降到 300 公里/小时。

一切准备就绪后，齐勒驾驶 V2 原型机轻盈地向奥拉宁堡机场的跑道下降。不过，V2 原型机的下降航线稍稍偏高，飞机最终在跑道正中位置接地。为了尽快停下飞机，齐勒放出机身中段结构后方的减速伞。V2 原型机的速度骤然减缓，最后滑跑至机库前停下。至此，人类历史上第一架喷气式飞翼机的正式首飞顺利完成。

齐勒打开座舱盖，兴奋地向在场所有人宣布 Ho 229 V2 原型机"飞起来感觉良好"。随后，齐勒和雷玛尔就首飞的体验展开进一步交流，表示飞机操纵杆力适中、副翼反应正常，雷玛尔由此笃信该机的飞行品质达到了他的设计指标。

接下来，瓦尔特、雷玛尔、沙伊德豪尔和其他技术人员开始对飞机进行细致的检查。霍顿兄弟团队关注的首要问题便是机身中段的木质结构能否承受两台喷气式发动机的高温，为此，飞机中段的钢架结构喷涂有一种特殊的油漆，能够根据经受过的最高温度而改变颜色。经检查，飞机中段的木质和钢架结构均没有达

到温度承受范围的上限。霍顿兄弟松了一口气，不过为了保险起见，雷玛尔决定在后续两次试飞完成之后再次进行检查。

至此，霍顿兄弟认为 Ho 229 V2 原型机的试飞工作取得阶段性成果，再次离开奥拉宁堡，返回哥廷根继续 H VIII 和 H XVIII 轰炸机相关的设计工作。为了保证珍贵的 V2 原型机以及试飞员的安全，雷玛尔在临行前反复叮嘱齐勒：霍顿兄弟不在奥拉宁堡的时间里，V2 原型机的试飞任务可以继续，不过沙伊德豪尔必须处在指挥塔台中与齐勒保持联系，以便在突发事件时给与正确的指引。

2 月 3 日，齐勒再次驾驶 V2 原型机进行飞行测试。根据维护主管沃尔特·罗斯勒的记录，这次试飞时间长度为 35 至 40 分钟。齐勒驾机爬升到 2000 米高度，执行了几次俯冲和滚转的机动。在试飞中，齐勒一直恪守雷玛尔的特别规定，控制住 Jumo 004B 发动机的推力以保证机体结构的安全系数。在水平飞行时，他将发动机的推力提升至 70%，即 630 公斤左右推力，此时的 Ho 229 V2 原型机达到 650 公里/小时的速

度。齐勒由此推断：如果两台喷气式发动机推力全开，Ho 229 V2 原型机的最大平飞速度有望超过 800 公里/小时，这与雷玛尔预计的 960 公里/小时性能相差甚远。

不过，在降落时，由于阻力伞过早释放，导致降落动作过猛，起落架再次损坏。维修工作加上恶劣天气的影响，V2 原型机又有整整两个星期的时间无法起飞升空。

按照约定，齐勒在试飞过后用电话向雷玛尔报告。根据他的反映，如果机身内部的燃油没有加注满，V2 原型机仅仅滑跑了 500 米，就能以 150 公里/小时的速度离地升空。测试中，发动机推力全开时，爬升速度为 20 至 22 米/秒。整体而言，Ho 229 V2 原型机的操控品质基本达到预期，只有纵向稳定性稍差。此外，飞机的控制面反应良好，着陆速度在 120 至 130 公里/

Ho 229 V2 原型机座舱内的飞行员艾尔温·齐勒少尉。

小时之间。齐勒还针对 Ho 229 的爬升和转弯性能与 Me 262 进行了一番对比。他本人并非战斗机飞行员，但能明显感受到 V2 原型机得益于低翼载荷设计，转弯性能优于他体验过的 Me 262。

齐勒的报告同样传递至帝国航空部，德国空军高层对此表示相当满意，与哥达工厂确认后续的生产合同：V3 到 V5 原型机作为"哥廷根执行案"用于最初的飞行测试，配置武装的 V6 到 V15 号机则作为截击机的原型机投产；以上 15 架飞机完工之后，则是 40 架 8-229 A-0 预生产型机的生产。

该合同意味着德国空军已经决定将 Ho 229 投入帝国防空战中，同时放弃戈林当初的"3× 1000 轰炸机"计划——接替它的是更疯狂的最新版"美洲轰炸机"计划！

值得一提的是，Ho 229 V2 原型机试飞为霍顿兄弟带来了一笔小小的财富。当时，瓦尔特和雷玛尔是弗罗伊登贝格（Frendenberg）一个航空协会的成员，该组织设定了一笔奖金用以颁发给最先实现喷气式飞翼机研发和试飞的个人。这笔奖金由法兰克福市的一名富人赞助，按照规定，瓦尔特和雷玛尔各自可以获得 5000 帝国马克的奖金。不过，由于战争末期的动荡，霍顿兄弟一直没有机会前往弗罗伊登贝格领取这笔奖金。

H IX V2 坠毁

1945 年 2 月初，苏联红军从东线一天天向柏林地区推进，奥拉宁堡机场遭受过几次盟军轰炸机的零星空袭。Ho 229 团队开始感受到迫在眉睫的危机，努力加快试飞进度，争取早日离开奥拉宁堡返回哥廷根。

1945 年 2 月 17 日，按照计划，这一天是 H IX V2 原型机试飞的日子。此时，数十万苏联红军已经逼近至距离柏林大约 80 公里的奥得河畔，齐勒少尉收到一条令他心神不宁的消息：家人带着他刚刚出生、未曾谋面的小儿子离开家乡希尔施贝格（Hirschberg），夹杂在难民大潮之中向西方的哥廷根疏散，以避开东线的战火。这个消息让齐勒一时间难以接受——家人身陷险境，而他却远在奥拉宁堡执行任务，如果要早日和家人团聚，齐勒必须加快步伐，以最快速度完成 Ho 229 V2 原型机的试飞任务。然而，此时的齐勒很难平复心情登机试飞，他心烦意乱手足无措，一度向地勤人员发起火来。在队友的劝说下，齐勒决定将试飞延后一日，自己先行调整个人心态。

1945 年 2 月 18 日，奥拉宁堡地区阴云密布，云层悬挂在 500 米高度。到了下午，云量开始消散到 6/8 的比例。在阳光的照射下，机场地区的气温逐渐回升到 4 至 5 摄氏度。齐勒少尉认为这是试飞的良好条件，决定开始准备。

跑道上，加注满燃油的 V2 原型机内刚刚安装上一套 FuG-15 型无线电，但还没有和指挥塔台完成通信连接。此时，霍顿兄弟远离奥拉宁堡机场，沙伊德豪尔也没有在指挥塔台内就位，他离开塔台吃午餐，尚未返回。

14:15，齐勒决定在没有沙伊德豪尔协助的条件下进行试飞。他在 V2 原型机的座舱内佩戴氧气面罩，准备就绪后启动两台 Jumo 004 发动机，滑跑升空。蝙蝠造型的喷气飞翼以 35 度的爬升角高速爬升，很快钻进机场上空的一个云洞之中，在地勤人员的注目下消失。

接下来，V2 原型机在云洞之中时隐时现。它沿着一条既定的航线在奥拉宁堡机场南侧进行三次通场，以便地面上来自德国空军测试中心的技术人员使用仪器测定飞机的高度和速度。根据当时的记录，V2 原型机的高度保持在 2000 米以下，飞行速度为 795 公里/小时。这个数据意味着齐勒为了加快测试进度冒险违反雷玛尔的特别规定：加大 Jumo 004B 发动机的推力，突破 75% 直至接近 100%。

45 分钟的飞行过后，V2 原型机从机场以北的云层底部中降下，以 800 米高度朝向东南方向飞行。地面上的人员观察到飞机的速度相对较慢——它右侧的 Jumo 004 发动机已经停车。高空中，齐勒少尉努力尝试重新启动发动机，压低操纵杆，驾机俯冲再拉起，反复多次。然而，这个方法并没有生效，V2 原型机的高度逐

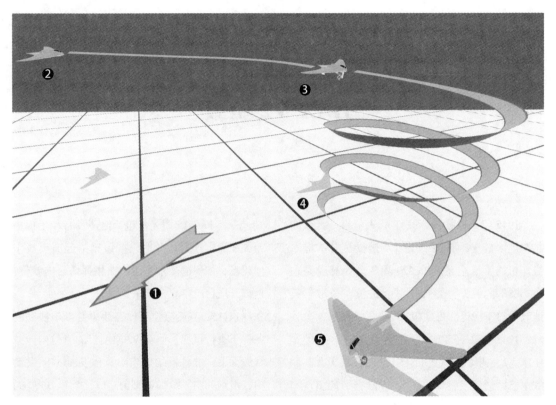

Ho 229 V2 原型机失事过程。1. 跑道方向；2. V2 原型机下降高度，即将右转弯；3. V2 原型机过早放下起落架；4. V2 原型机螺旋下坠四圈；5. V2 原型机坠毁。

渐下降到 500 米。距离机场 1300 米左右时，V2 原型机向右转弯，朝着跑道的方向飞来。

在高度下降至 400 米时，齐勒过早放下起落架。一般情况下，驱动起落架的液压泵由右侧发动机提供动力，然而此时发动机已经停车，液压泵自然失去了动力。此时，齐勒只能启用紧急流程，使用压缩空气放下起落架。按照雷玛尔的设计，压缩空气系统将同时放下襟翼以增加飞机的升力，这个功能原本是对飞行员的辅助，但在 2 月 18 日的试飞中却把齐勒推向地狱的大门。襟翼和起落架同时放下后，V2 原型机阻力急剧增加，导致速度减慢，飞行高度迅速下降。地面人员观察到 Jumo 004 发动机的尖啸声骤然加大，这意味着齐勒试图增加左侧发动机的推力，使飞机保持足够的速度。

很明显，推力的增加打破了飞机航向稳定，V2 原型机迅速以 20 度的坡度转入向右的螺旋下降航线中。飞机转过第一个 360 度之后，齐勒试图压低机头，此时的向右坡度持续增加。转过第四圈，V2 原型机以 35 度的坡度猛烈撞击到一条铁路旁的空地之上。

随着一声震耳欲聋的巨响，V2 原型机的座舱盖、机身蒙皮和内部框架四分五裂，齐勒和两台 Jumo 004 发动机被齐齐甩出机舱之外。齐勒沿着一条抛物线轨迹击中一棵大树，当场身亡，两台喷气发动机则落在铁路的路基之上。此时，残破的原型机在地面上弹跳了一次之后，再次重重落下，成为一堆扭曲的金属。

技术人员检查飞机残骸，发现右侧 Jumo 004 发动机温度较低，且内部零件已经无法转动，这更进一步证实该发动机的异常状态为飞机最终坠毁的原因。在事故现场，较为耐人寻味的一点是调查人员发现齐勒没有佩戴氧气面罩，这意味着他在飞行中由于某种未知原因将氧气面罩摘下。值得注意的是，哥达工厂对霍顿兄弟团队的 Ho 229 图纸进行分析后认为驾驶舱内部留给飞行员头部的空间相当狭小，有部分仪表无法方便地看到，这一点也许和齐勒的失事存在一定的关联。

至此，霍顿兄弟十余年研究的结晶、最先进的喷气式飞翼机灰飞烟灭，奥拉宁堡机场的 Ho 229 团队顷刻之间滑向命运的深渊——霍顿兄弟远在数百公里之外，这支小部队的最高指挥官又随着原型机死于非命，他们已经处在某种程度上的群龙无首状态。此时，东线战局愈发紧张，奥拉宁堡的德国国防军部队甚至想扣押这批技术人员，将其编入机场的保卫部队！

这时候，沙伊德豪尔站了出来："不可以。我身负任务，要把霍顿公司的这批人员带回哥廷根。"霍顿兄弟团队迅速收拾物资和设备。2 月 23 日，沙伊德豪尔驾驶着德国空军第九特遣队的 He III 轰炸机，装载着整个 Ho 229 团队的人员和物资从奥拉宁堡机场的跑道滑跑升空，直飞哥廷根。背后的东方数百公里之外，便是苏联红军滚滚而来的钢铁洪流。

这一阶段，霍顿兄弟正在哥廷根进行 H XVIII"美洲轰炸机"的设计，收到 Ho 229 V2 原型机坠毁的消息之后怒不可遏，因为多年以来飞翼研究的心血结晶毁于一旦，他们已经没有时间和资源制造又一架原型机了。

Ho 229 V2 原型机坠毁几天之后，瓦尔特向帝国航空部递交一份事故报告，将飞机失事原因归咎于单发紧急降落条件下试飞员齐勒的错误操作。德国官方对此并没有表现出过度反应，因为在原型机在试飞阶段的事故已经司空见惯，而且这次事故的首要原因很明显是 Jumo 004B 发动机的故障，这一点完全掩盖住飞机本身的设计缺陷。无论是帝国航空部还是戈林均没有改变对 Ho 229 的信心，他们仍然认定霍顿兄弟的这款飞翼是德国空军所急需的终极兵器。

在这个 2 月，瓦尔特和雷玛尔针对 Ho 229 交付哥达工厂量产过程中暴露出的问题以及德国空军对夜间战斗机的需求，完成后续的 H IX b 双座教练/夜间战斗机设计。值得一提的是，在德国空军第九特遣队的内部编号系统中，该型号被称为 H IX V6，极易和哥达工厂生产的第四架霍顿飞翼——Ho 229 V6 原型机产生混淆。

按照雷玛尔的设计，H IX V6 的机头延长一

飞行员艾尔温·齐勒少尉的葬礼，中间为瓦尔特。

米，机身内增加的空间用以承载 FuG 244"不莱梅"雷达的抛物线天线以及雷达操作员。该型号的驾驶舱内，两名成员的座椅均朝前布置，配置有防弹钢板，加上机头延长的影响，H IX/Ho 229 系列的重心配平问题预计可以得到一定程度的解决。与之相对应，飞机的方向稳定性受到一定的影响，为此该型号极有可能在定型阶段安装上垂直尾翼加以弥补——实际上，由于纳粹德国的迅速崩溃，H IX V6 最终仅停留在纸面阶段。

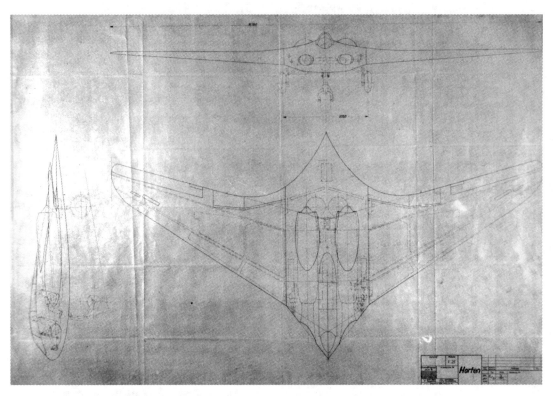

H IX V6 原型机图纸，注意延长的机头。

H XVIII 的最后挣扎

紧接着，瓦尔特接到克内迈尔的又一通电话："你们两兄弟到阿德勒斯霍夫来开个会，博克教授想听听你们的方案。"

1945 年 2 月 25 日，霍顿兄弟准备好 H XVIII 的一整套设计草案、数据推算和想象图，前往柏林的阿德勒斯霍夫机场。跟随克内迈尔进入会议现场之后，霍顿兄弟颇为吃惊地发现除了博克教授，在场正襟危坐的还有德国五家最大飞机公司的技术负责人——梅塞施密特、亨克尔、容克斯、道尼尔、布洛姆-福斯（Blohm Und Voss），五家航空巨头正在等待这两位年轻人讲解他们的"美洲轰炸机"！

雷玛尔胸有成竹地走上讲台，从 1934 年的 H I"坡风"开始讲解霍顿兄弟的一系列飞翼机设计。谈到 H XVIII 时，雷玛尔逐一解释设计草案的思路，列举了各种公式推算，并展示了飞机的想象图。雷玛尔滔滔不绝地讲了二十多分钟，在场所有人员没有一位表示异议，也没有任何人提出疑

博克教授主持的研讨会敲定 H XVIII 作为"美洲轰炸机"。

问——霍顿兄弟在飞翼机领域的造诣远远超过了现阶段所有的德国厂商。雷玛尔走下讲台，会场内的气氛已经相当明朗：霍顿兄弟的 H XVIII 将是"美洲轰炸机"的最可行方案。克内迈尔一直站在会场的后方，面带微笑地听完雷玛尔的讲解，这时候他朝瓦尔特微微地点了点头，转身离开会场。

霍顿兄弟回到哥廷根，等待军方的消息。两个星期之后，他们收到命令：再一次前往豪华官邸卡琳宫会见戈林。霍顿兄弟被带进一个巨大的会议室，看到面前是一张巨大的圆桌，并排围坐着众多高级官员。看到两位年轻人走进会议室，所有的人纷纷向他们问好致意，并热情地为其让出座位。过了一阵子，戈林在几位副官的簇拥下昂然走进会议室，故作姿态地发话："原来这两位就是霍顿兄弟……真是年轻啊……这真是他们吗?"一位副官接上话："是的，他们就是霍顿兄弟。"

戈林在他的座椅上落座，再一次开始滔滔不绝的高谈阔论："你们达成了这个世纪最伟大的成就，德国最大的飞机制造厂中所有的人员一致认为你们的项目是无与伦比的。我被深深震惊了……这真是太了不起了。你们现在可以在容克斯公司的协助下尽快制造你们的飞机。"

"美洲轰炸机"计划仿佛在最后关头给了德国空军一剂强心针，其领导层内部洋溢着一股

盲目乐观的气氛，以至于丧失理智。雷玛尔曾经和军备专案组负责人卡尔-奥托·绍尔（Karl-Otto Saur）进行过一次交流，提及自己的担心——根据最新的计算，H XVIII 的航程不足以在空袭美国之后原路返回德国。对此，绍尔轻描淡写地回了一句："别担心，我们只要重新把法国拿下来，距离美国就近了。"

此时，霍顿兄弟明白 H XVIII 已经永远不可能研发成功了，第三帝国的毁灭迫在眉睫。他们原计划在 H XI V2 原型机之上取得相当程度的进展，等到盟军占领德国后，以此为资本争取到美国或者英国的飞机厂商的青睐，得以在新的和平环境中继续自己的飞翼机研究。然而，这个如意算盘完全落空，霍顿兄弟残存的希望只有手头的 H XVIII 项目——理论上，如果能保留一支完善的飞翼机研发团队静待盟军接管，也能具备一定程度的吸引力。

1945 年 3 月 23 日，霍顿兄弟团队获得 H XVIII 的合同，金额为 50 万帝国马克。从 3 月到 4 月期间，上百名技术人员聚集在哥廷根，准备为这款最后的霍顿兄弟飞翼忙碌。此时，雷玛尔的工作重点依然是 H VIII。在战争的最后阶段，该型号的设计工作全部完成，而第一架原型机的工作量只完成一半左右。

H XVIII b 概念图。

平行空间：Ho 229 的投产尝试以及 V3 原型机

战争结束前，德国空军除了纸面上的 H XVIII 之外，还包括哥达工厂的 Ho 229 量产型计划。合同中的喷气式飞翼包括无武装的 V3 至 V5 号原型机以及装备加农炮的 V6 至 V15 号预生产型截击机。

不过，哥达工厂的进度并不顺利。在该单位参与 Ho 229 项目之后，工程师们很快发现霍顿兄弟原始设计图纸上的若干缺陷。

首先，他们指出 Ho 229 机身中段结构的钢管框架过于薄弱，几乎就是以滑翔机的标准进行制造——事实上，该型号正是霍顿兄弟长久以来滑翔机研发经验之集大成者。哥达工厂方面认为雷玛尔的结构设计无法承受喷气式发动机日复一日的高强度运行状态，为此他们使用更粗、更坚固的金属管来制造 Ho 229 的机身中段结构。不过，这个调整已经无法回馈到霍顿兄弟方面了，Ho 229 V2 原型机木已成舟，无法进行大改，最终在坠机事故中证实了机体结构的脆弱。

其次，在 Ho 229 V2 的设计阶段，雷玛尔在机头位置安装有重达 232 公斤的配重以配平力矩。事实上，在一份德方的研究报告中，航空专家指出：为了实现力矩的良好配平，232 公斤的分量远远不足，事实上 Ho 229 需要 800 公斤的配重！这个数据意味着量产型 Ho 229 需要牺牲接近一半的燃油储量来满足配平效果，这是

哥达工厂无论如何都不愿看到的。为此，哥达工厂的工程师们一度希望在机身中段结构的前方安装四门 MK 108 加农炮或者两门 MK 103 加农炮以达到配平效果。然而，经过研究发现，加农炮的安装位置距离飞机重心的距离有限，不足以产生足够的配平力矩。最后，哥达工厂的解决方案是将两台 Jumo 004B 发动机尽量向前移动以起到配平作用，结果便是 Ho 229 的量产型号的发动机安装位置明显前移，以至于发动机的部分略微突出机翼上表面，能从飞机侧面清楚地看到里德尔启动机的整流罩。调整完成后，哥达工厂制造的第一架喷气式飞翼，即 Ho 229 V3 原型机的机头配重减轻到 300 公斤。

V3 原型机完成发动机安装位置的调整后，机身中段结构的相对厚度从 13.8% 恢复到先前的 13%。每侧机翼在主翼梁前方的空间内，安置有两个 150 升油箱，主翼梁和辅助翼梁之间安置一个 600 升和一个 360 升油箱。所有 8 个油箱总容量达 2520 升，加注满后可以承载约 2000 公斤燃油，供 Ho 229 V3 原型机飞行 1 小时。随着燃油的消耗，飞机的重心位置会向前移动 6%~7%，对纵向稳定性产生一定的影响。

从 V3 原型机开始，哥达工厂的量产型 Ho 229 的控制面得到简化。飞机的扰流板数量被削减，而机翼后缘内侧的襟副翼仅仅承担襟翼的作用。需要特别指出的是，瓦尔特一直在关切哥达工

厂的进度，并计划择机在量产型 Ho 229 之上加装垂直尾翼进行测试。

采用新供应商提供的机头起落架轮。其直径为 1015 毫米，宽度为 380 毫米，不过由于尺寸较

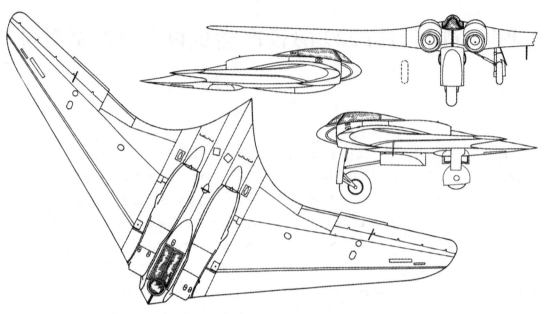

Ho 229 V3 原型机线图。

测试表明，霍顿兄弟在 Ho 229 V2 原型机上安装的机械动力弹射座椅只能提供 3G 的加速度，无法满足安全逃生的需求。为了保证飞行员的安全，哥达工厂技术人员从一架 Ta 154 战斗机上拆下一整套固体火箭推进的弹射座椅，安装在 Ho 229 模型之上。在测试中，弹射座椅将一个模拟假人以 13G 的加速度弹射出舱，表现令人满意。

原先的 Ho 229 V1 原型机之上，霍顿兄弟曾经测试过连体飞行服。不过该产品存在太多技术问题，战争结束前已经无法加以解决并批量生产，因而哥达工厂为 Ho 229 量产型机配置的还是普通的飞行服。

Ho 229 V2 原型机的起落架重量占据飞机总重的极大份额，哥达工厂在 Ho 229 量产型机上进行相当程度的改进。镁合金管结构的机头起落架改为重量更轻、强度更高的铬金属结构，

大，在地面滑行时转弯角度极有可能产生一定的限制。与之相对应，主起落架轮改为直径 740 毫米、宽度 210 毫米的款式，配备双刹车。

根据哥达工厂的计划，Ho 229 将从 V6 原型机开始进行更大规模的调整：

结构

Ho 229 的机身结构经过重新设计，使其更适合流水线生产。机身中段结构加宽，使 Jumo 004B 的安装位置向外侧移动 140 毫米，以方便从前方安装和调试，发动机也无需再维持旋转 15 度角的安装方式。此外，机身下方轮廓相比 V3 原型机更为光洁平顺。

机翼

机翼的翼型没有改变，不过最初的弗里茨升降副翼被认为不适合高速飞行，替换为传统的升降副翼。机翼前端覆盖的 17 毫米厚胶合板被一种 15 毫米厚的复合板材所取代。该材料的

正反面是一层各 1.5 毫米厚的胶合板，中间填充复合材料，类似设计已经成功地应用于英国的蚊式轰炸机之上。不过，英制板材中间填充的是密度只有 100 公斤/立方米的巴尔沙木，战争期间德国无法获得此种稀缺材料，因而哥达工厂采用一种"弗姆霍尔茨（Formholz）"材料作为填充物。其本质上是被树脂浸透的锯末和木材，密度与普通胶合板相当，为 600~800 公斤/立方米。雷玛尔表示这种材料整体而言比传统的胶合板"轻得多"，因而外翼段的总重量有 100 公斤的减轻。

武器

哥达工厂的工程师认为武器系统的安装同时兼备将飞机重心前移、改善纵向稳定性的作用。计划中，武装型 Ho 229 可以配备 4 门 30 毫米 MK 108 短身管加农炮，各备弹 90 发，包括弹药箱在内总重量 360 公斤。另外一种武器方案包括 2 门 30 毫米 MK 103 长身管加农炮，各备弹 170 发，总重量大约 400 公斤。这些武器将安装在机身中段结构之内，发动机外侧的位置。此外，机身下可以配备两组 ETC 503 标准挂架，各挂载一枚 500 公斤炸弹。

与武器系统相配套，武装型 Ho 229 的瞄准设备从标准的 Revi 16B 型瞄准镜升级为最先进的阿斯卡尼亚（Askania）公司 EZ 42 "雄鹰（Adler）"陀螺瞄准镜。德国空军对该设备极为重视，从 1945 年 1 月开始测试，军备部的高级官员甚至宣称："EZ 42 自动瞄准镜至关重要，可提高命中率、允许高偏转角射击。应想尽一切办法将其安装在所有高性能战斗机——尤其是 Me 262 之上。"可以说，在战争末期，Ho 229 具备与 Me 262 相当的最高优先级。

值得一提的是，哥达工厂考虑过在 Ho 229 右侧安装两门 MK 108 加农炮，左侧安装各式航空照相机，发展为武装侦察型。不过，随着研发的进行，工程师们发现将 Jumo 004 B 发动机向外移动后，发动机和外翼段之间的机身中心段结构空间已经无法容纳下加农炮。如果将加农炮安装在外翼段之中，飞机的燃油储量必然大受影响。为此，哥达工厂决定再次调整项目进度，将 Ho 229 V6 至 V8 原型机作为侦察机展开研制，而武器系统的配备安排到后续的预生产型机上解决。

装甲

飞机的风挡前方安装有厚重的防弹玻璃。驾驶舱下部配备类似 Me 262 的"浴盆"式装甲结构，将飞行员座椅完全包裹住，其下方直接安装飞机的机头起落架。整体而言，增设的这套装甲重达 400 公斤，远超德国其他的喷气式飞机，已经相当于一架典型的对地攻击机。哥达工厂的设计师希望装甲的安装能够将飞机的重心向前移动，起到一定的配平作用。然而，研究表明：为了达到最低限度的纵向稳定性，Ho 229 V6 原型机还需要额外的 600 公斤配重！

电子设备

武装型 Ho 229 的驾驶舱内配备有 K 23 型自动驾驶仪，可以协助飞行员完成部分导航和定向工作。其他设备包括带有测向仪的 FuG 16zy 无线电，稍后换装最新的 FuG 15 无线电设备 FuG 25a 敌我识别应答器和 FuG 125 甚高频无线电信标接收器。电气系统的能源由一台 6 千瓦的发电机和一个 20 安时的蓄电池提供。需要指出的是，由于 Ho 229 的升限指标较高，哥达工厂计划在未来量产型飞机之上安装增压座舱。

对于 Ho 229 V6 原型机的性能，不同单位给出的数值略有区别。亨舍尔（Henschel）公司预估 Ho 229 V2 原型机的最大平飞速度可达 870 公里/小时，而 V6 原型机的速度与之相当。实际上，根据齐勒的评估，V2 原型机的真实高速性能在 800 公里/小时左右，因而这个数据明显高估。哥达工厂本身对 Ho 229 V6 原型机有着另外一套性能预估，相对较为接近现实：

Ho 229 V6 原型机性能表	
最大平飞速度(海平面高度)	830 公里/小时
最大平飞速度(3000~4000 米高度)	840 公里/小时
最大平飞速度(11000 米高度)	780 公里/小时
爬升率(海平面高度)	15 米/秒
实用升限	10000~12000 米
最大航程 (2000 公斤燃油, 12000 米高度, 发动机 100% 推力)	1400 公里

实际上，哥达工厂认为基于霍顿兄弟的设计，以上所有调整都是无谓的浪费工作量。该公司从 30 年代开始也进行过多个飞翼机项目，但没有获得与霍顿兄弟相当的进展。在接手 Ho 229 的量产任务后，哥达工厂的首席空气动力学专家兼设计部门主管鲁道夫·格特尔特 (Rudolf Göthert) 博士另起炉灶，开始自己的喷气式飞翼机设计——哥达 Go P. 60。

1945 年 1 月 27 日，哥达工厂向军方提交一份报告，阐述了第一架预生产型 Ho 229 V6 和 P. 60 在性能上的对比，试图用自家的产品打动军方，最终取代 Ho 229。

作为竞争对手，P. 60 飞翼机的规格与 Ho 229 类似，基本设计则大相径庭。该机的后掠角为 47 度，明显大于 Ho 229 的 28 度。在

博物馆中的 P. 60 C 模型。

P.60 的翼尖位置，8 副可伸缩扰流板起到方向舵的作用。整架飞机最明显的特征便是两台涡轮喷气式发动机，一上一下对称安装在飞翼后方。Göthert 博士的这个设计意图很明显：改善飞机的维护性，使发动机更换更为便捷；提高飞机单发飞行条件下的安全性；一定程度上改善飞机的航向稳定性。

根据哥达工厂的报告，P.60 的最初设计有三个方案。P.60 A 装备两台 BMW 003A 或者 Jumo 004B 发动机，驾驶舱内的飞行员和观测员保持俯卧姿势，以此摒弃突出机身的座舱盖，减小气动阻力。P.60 B 类似 A 型，区别在于机身略微加大，装备推力更强的 HeS 011 发动机。P.60 C 是专职的夜间战斗机，采用传统双人驾驶舱和 HeS 011 发动机。

在 1 月底的这份报告中，哥达工厂表示 P.60 性能相比 Ho 229 V6 具备性能优势，不过雷玛尔对此嗤之以鼻：

格特尔特之前在德国航空研究所工作，他在那边有不少风洞研究工作。他不是飞行员，只是有等比飞机模型在风洞中的测试经验。在过去，他从帝国航空部得到支持，研究后掠翼和控制面的气动性能。他真正的技术专长是控制面，类似副翼、襟翼、方向舵、升降舵等。他做的工作就是制作一个后掠翼飞机模型，放到德国航空研究所的风洞里头，测试模型的气动性能。这实际上是行不通的，因为飞行中攻角不同，实际条件就不一样。瓦尔特和我看过他的测试，最后看到他的研究成果时，我们两个都忍俊不禁。他完全算错了……（P.60 的发动机布局）那是完全错误的。我们在 H IX 的最早阶段就考虑过这个布局。如果一台涡轮喷气发动机被安放在这个位置，它会吸入跑道上的砂石瓦砾，这样一来就会影响它的工作寿命。

意识到发动机布局存在的致命缺陷后，哥达工厂在 1945 年 3 月提出一个亡羊补牢式的

美军占领布兰迪斯机场后，发现分配至 JG 400 的 Ho 229 V1 原型机。

P. 60. 007 方案。该型号采用与 Ho 229 类似的布局，将喷气式发动机一左一右地安装在机身后方，其机腹进气口向上收起到紧贴机翼下表面，一定程度上降低吸入杂物损坏发动机的可能性。

哥达工厂的努力一度得到德国空军高层的认可，然而霍顿兄弟背后的支持者则是空军最高指挥官戈林。1945 年 3 月 12 日，在戈林的豪华官邸卡琳宫之内，空军会议确定霍顿兄弟的设计是飞翼战机的唯一选择，为此空军全力支持瓦尔特和雷玛尔，以保证其设计的飞翼战机早日量产："空军装备部门的负责人应立即将霍顿的研究和生产项目纳入元首的紧急（战斗机）计划……（飞机设计）业界内最优秀的专家组成飞翼机的协作团队。"

根据会议精神，航空设备技术部将霍顿兄弟的项目纳入"元首的紧急战斗机计划（Führer-Notprogramm）"。为此，一批航空工业专家被组织起来，按要求协助霍顿兄弟展开他们的飞翼机设计。3 月 12 日的这次会议过后，哥达工厂受命全力展开 Ho 229 的量产工作，P. 60 项目戛然而止。

这一阶段，Ho 229 V1 原型机送达布兰迪斯（Brandis）机场，交付德国空军唯一的火箭截击机部队——JG 400 进行测试。随后，该部收到命令：即将把战机换装为 Ho 229 量产型。这意味着在第三帝国奄奄一息的最后阶段，德国空军高层依然幻想能够依靠 Ho 229 逆转战局。

然而，这个幻梦很快破灭。希特勒在 3 月

被美军发现的 Ho 229 V3 原型机。

27 日任命党卫队副总指挥汉斯·卡姆勒(Hans Kammler)作为自己的喷气式飞机全权代表,并赋予其极高的权限。上台后不久,卡姆勒便中止德国境内绝大部分的喷气式飞机生产计划,仅保留 Me 262 一个型号。至此,Ho 229 项目彻底终结。

1945 年 4 月,美国军队占领哥达工厂。士兵们在厂房内发现多架 Ho 229 原型机的半成品,其中 V3 原型机已经接近完工状态。随后,这批飞机被迅速装船运往美国。

第二篇　挣扎与余音

1945 年 4 月 30 日，希特勒在柏林地堡中饮弹自尽，战争结束了。

事实上，雷玛尔已经预见到这一天的到来，并做出一系列安排。早在 2 月，霍顿兄弟团队中的同乡弗朗茨·贝格尔请求离开哥廷根，返回波恩照顾饱受盟军轰炸之苦的家人。这时候，雷玛尔意识到英美盟军的地面部队即将长驱直入突进德国西部地区，攻克波恩纯粹是时间问题。为此，雷玛尔瞒着瓦尔特，委托贝格尔携带霍顿兄弟团队的大量设计文件和资料返回波恩，他的任务是在英美盟军占领波恩时尽快与之接触，呈上霍顿兄弟的这份投名状。

按照雷玛尔的预想，如果霍顿兄弟团队能够尽早得到西方航空界的赏识，有希望在战后的和平年代中继续一系列商用飞翼机的研发和生产工作。为此，贝格尔还带有一封雷玛尔写给妹妹古尼尔德·霍顿的密信：

绝对机密！不要告诉其他任何人！就算瓦尔特也不知道这封信！战争已经失败了，盟军将很快占领德国。当这一天到来之时，试着联系他们的指挥官，向他们讲解我们的研究工作、场地、人员以及制造的飞机。通过这样的方式，希望他们能够迅速、完好无缺地接管一切。希望他们能继续我们的项目，让我们继续进行研究！

3 月 9 日，美军攻克波恩。3 月 11 至 14 日，也就是戈林授意德国空军全力支持霍顿兄弟飞翼战机的量产、"空军装备部门的负责人应立即将霍顿的研究和生产项目纳入元首的紧急(战斗机)计划"的时间段，贝格尔带领着英美两国的情报部门人员进入霍顿家的大宅，整理出从 H I 到 H XII 的一整套资料。

4 月 7 日，瓦尔特和雷玛尔在哥廷根地区被盟军控制。接下来，霍顿兄弟连同大批飞翼机研发资料送往英吉利海峡对岸。一开始，霍顿兄弟和福克-沃尔夫公司的 20 多名高管被羁押在一栋高层建筑之内，包括后者的总设计师库尔特·谭克博士。当初 H IX 项目争取德国

1945 年 4 月 7 日，被盟军控制的瓦尔特。

空军认可的阶段，谭克博士对其作出过大量负面评价，为此雷玛尔在很长一段时间里耿耿于怀。这一次，两人从纳粹德国的飞机设计师变为盟军的阶下囚，最终冰释前嫌。他们平心静气地坐下来一起玩桥牌，等待接受审讯。

霍顿兄弟见到了英美技术团队中著名的航空航天技术权威、路德维希·普朗特教授最杰出的学生西奥多·冯·卡门（Theodor von Kármán）教授。作为奥匈帝国的子民，冯·卡门教授具备天生的德语优势。因而在欧洲战场结束之后，他应美军要求率领一支由技术人员组成的顾问团，进入德国进行航空航天方面的技术考察工作。值得一提的是，顾问团成员包括未来中国的"航天之父"钱学森。

不过，冯·卡门教授对霍顿兄弟的飞翼机没有表示出太多的兴趣，根据雷玛尔的回忆，他只是"非常友好，问了我们的待遇怎么样，是不是需要

航空航天技术权威西奥多·冯·卡门教授，他的团队对霍顿飞翼的研究态度颇为草率。

什么生活用品"。技术考察工作完成后，冯·卡门教授向美军提交一份总结报告《我们身处何处》，总结这次欧洲之行的技术发现。其中，霍顿飞翼的相关段落可谓颇为草率：

霍顿兄弟在 1935 年试飞他们的第一架无尾飞机。他们一直没有得到帝国航空部的支持，直到 1945 年 2 月一架诺斯罗普无尾飞机的照片被发表在《国际航空》杂志上……

5 月 19 至 21 日，英国皇家飞机研究院（Royal Aircraft Establishment，缩写 RAE）的肯尼斯·威尔金森（Kenneth Wilkinson）对霍顿兄弟进行了一番审讯。随后，瓦尔特和雷玛尔被送回德国，和英美技术人员一起寻找收集散落在各个工厂的霍顿飞翼图纸、零部件和整机。在这一阶段，大量霍顿飞翼被发掘而出，逐一运往大西洋彼岸。

9 月 17 日，肯尼斯·威尔金森和其他技术人员组成一支"无尾飞机咨询委员会（Tailess Advisory Committee）"，飞往德国对霍顿兄弟展开长达两个星期的详细审讯。10 月，英国皇家飞机研究院发布肯尼斯·威尔金森编写的报告《霍顿无尾飞机（The Horten Tailess Aircraft）》，详细阐述霍顿兄弟的身世背景、各款飞翼机研发经历和技术细节等信息。在报告的总结中，威尔金森的评论如下：

毫无疑问，大部分这些滑翔机的项目对于德国而言是毫无价值的——例如 H VI、H IX 和 H XIV 以及动力滑翔机 H III d，和军用和民用设计没有任何联系，也缺乏研究价值。大部分型号没有得到帝国航空部的正式批文，雷玛尔表示分散项目的优势是帝国航空部无法清楚了解项目的现状，也不知道他们的钱花到哪里去了。一个极端的例子是第二架 H VI 滑翔机，该机最

运抵美国后，被美国技术人员拼装起的 Ho 229 V3 原型机。

早在波恩制造，随后在盟军逼近波恩时转移到黑斯费尔德（Hersfeld），最后在委员会抵达前完成。我们在 1945 年 6 月发现时，它正隐藏在一个谷仓中。它的制造消耗大约 8000 个小时的工时。雷玛尔说他更喜欢制造滑翔机，因为他自己一个人就可以完成整个设计。他对更大的项目中消耗在管理团队上的时间深恶痛绝。

随后，霍顿兄弟由英国皇家飞机研究院（Royal Aircraft Establishment，缩写 RAE）雇佣，在哥廷根从事飞翼机的相关工作。在闲暇时间内，雷玛尔重返高校深造，最终获得他的数学系博士学位。应英方要求，雷玛尔基于 H VIII 完成一系列大型飞翼运输机的设计，起飞重量从 70 吨至 100 吨不等。不过，这些设计最终都停留在纸面阶段。

很快，霍顿兄弟和与英方的合作结束，他们开始在满目疮痍的德国寻找自己的工作机会。最开始，两兄弟的生活颇为拮据，雷玛尔想到 Ho 229 V2 原型机试飞后，法兰克福市那一位富人赞助的 5000 帝国马克奖金尚未兑现，随即写信索取。结果，雷玛尔收到对方儿子

英国皇家飞机研究院的肯尼斯·威尔金森，对霍顿飞翼评价不高。

的回信，称此人在战争结束后便很快去世，因而这笔奖金最终是竹篮打水一场空。

瓦尔特收到朋友的邀请，一起进入商界从事煤炭生意，并随后应沃尔夫拉姆的昔日战友阿图尔·埃舍瑙尔（Arthur Eschenauer）的邀请，

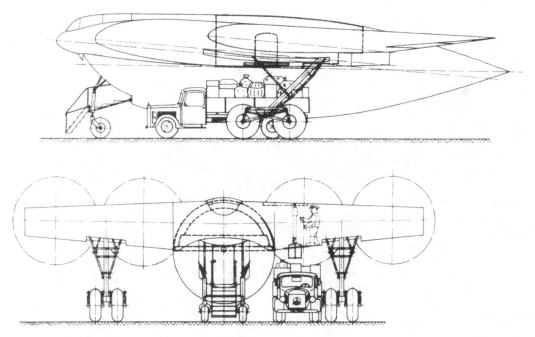

雷玛尔在战后的一款大型飞翼运输机设计，可见采用四台活塞发动机，机翼内的空间可容机组乘员直立行走。

加入战后重新组建的德国空军。

雷玛尔在大学当中找到一个数学助教的职位，不过依然没有放弃他的飞翼机梦想。这一阶段，美洲大陆的飞翼机研发得到飞跃式的发展。1947年10月22日，被缴获的1架H VI 和2架H III 被送到美

1946 年的雷玛尔，仿佛苍老了 10 岁。

国诺斯罗普公司的车间当中展开研究——该企业的灵魂人物杰克·诺斯罗普（Jack Northop）和

霍顿兄弟一样，都是飞翼机的狂热信徒。而在此前一天，诺斯罗普公司的 YB-49 喷气式飞翼轰炸机首飞成功，该机配备 8 台涡轮喷气式发动机，最大平飞速度接近 800 公里/小时，内部弹舱可挂载 4.5 吨炸弹，作战半径达到

杰克·诺斯罗普，另一位执着的飞翼机研发先驱。

2600 公里。换而言之，这几乎就是两年前戈林梦寐以求的"美洲轰炸机"！

受到航空业界动态的刺激，雷玛尔频频接

诺斯罗普的 YB-49，几乎完美实现两年前戈林"美洲轰炸机"的梦想。

触英国的飞机制造商，试图能够在英伦三岛谋求一个工作机会，结果没有任何回音。这一阶段，福克-沃尔夫公司的总设计师谭克博士应贝隆政府的邀请前往阿根廷进行喷气式战斗机的设计。得知雷玛尔的窘况后，谭克博士邀请对方一同前往。对于这个建议，雷玛尔一开始颇为踌躇，因为他最希望在美国或者英国——技术发达、经济富庶、文化和环境近似的两个国家——找到工作。经过一番周折，确认在英美两国已经没有自己的立足之地后，雷玛尔在 1948 年跟随着谭克博士远飞阿根廷，重启自己热爱的航空事业。

机模型的制造。

工作之余，雷玛尔设法建立起自己的一个小车间。得到谭克博士的允许之后，他在不影响正常工作的前提下继续研发自己的飞翼滑翔机。1949 年 6 月 20 日，雷玛尔的双座飞翼滑翔机 IAe 34 试飞成功，这意味着雷玛尔的飞翼机梦想重新开始。在这个 6 月，雷玛尔还完成了另外一件人生大事——与在当地结识的女友吉赛尔(Gisela)结婚。至此，雷玛尔在气候、环境都相当适合自己的阿根廷扎下根来，启动自己的第二轮事业。

随着项目的推进，谭克博士的 IAe 33 遭遇

雷玛尔远赴重洋，协助谭克博士开发 IAe 33 "箭 II" 喷气式战斗机。

谭克博士为阿根廷政府准备的喷气式战斗机编号为 IAe 33 "箭 II(Pulqui II)"，其设计基于德国空军著名的"末日战机"——尚未完工的 Ta 183。在这个项目中，雷玛尔协作机翼以及等比滑翔

到相当程度的困难。此时，雷玛尔认为 Ho 229 进行过成功的首飞，因而自己在喷气式战机之上的经验比谭克博士团队更为丰富，实现飞翼战斗机梦想的机会再次出现了。

1949年，意气风发的雷玛尔与女友吉赛尔喜结连理。

基于这个考虑，他在 1949 年向谭克博士提交自己的喷气式战斗机提案。该型号采用和 IAe 33 一样的驾驶舱、起落架和喷气式发动机，进气口位于机头下方，其机翼和四年前最后的 H X 非常相似，最大的区别在于两侧机翼正中均安装有一副向外倾斜的垂直尾翼。

以雷玛尔的逻辑：谭克博士的项目采用金属机身，而自己的设计可以使用木材制造，两者之间的资源消耗并不冲突；如两个项目并行发展，届时可以完成两款截然不同的战斗机，供阿根廷政府"挑选"。很显然，对于这个越俎代庖的提案，谭克博士是绝对不会接受的。

两人之间应该存在大量共同语言。为此，雷玛尔为诺斯罗普写了一封信，详细阐述了自己的"钟形升力分布"理论应用经验，并表示希望能够和诺斯罗普展开合作。雷玛尔满怀希望地等待诺斯罗普公司的邀请函从北半球发来，但他等到的只有自己那封被退回的信。雷玛尔仔细检查信封，发现已经被打开过，上面贴着的阿根廷邮票也被撕下，信封上写着一行醒目的"不适合诺斯罗普"。这一刻，雷玛尔意识到自己在美国制造飞翼机的希望彻底破灭了。

经过一番努力，雷玛尔争取到阿根廷政府的支持，继续自己的飞翼机研发工作。到 1951 年，老搭档沙伊德豪尔和卡尔·尼克尔也从德国赶来，加入雷玛尔的团队。在多款飞翼滑翔机的研发之后，雷玛尔瞄准谭克博士的项目展开竞争，开始自己的喷气式战斗机研发，并获得阿根廷政府的 IAe 37 编号。

雷玛尔提出的与谭克博士竞争的喷气式战斗机方案。

这次无效的交涉后，雷玛尔断然决定脱离谭克博士的团队，自行寻求发展。对此，谭克博士即便感到愤怒，也只得听凭雷玛尔远走高飞。

此时正值 1950 年，雷玛尔首先想到了杰克·诺斯罗普，他感觉同为飞翼机的忠实信徒，

在这个型号上，雷玛尔最终与现实妥协，摒弃了自己坚持多年的纯飞翼机设计，为 IAe 37 安装上垂直尾翼、作为无尾三角翼飞机展开研发。为最大限度地减小阻力，IAe 37 再次采用机翼和机身融为一体的设计，其驾驶员呈卧姿安置在尖锐的机头部分内，两侧即为发动机的

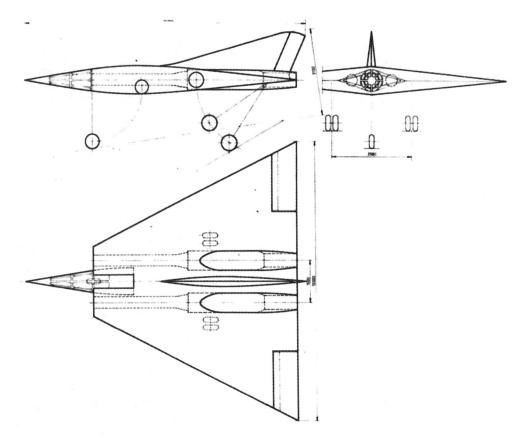

雷玛尔的 IAe 37 三视图，已经抛弃纯飞翼理念。

完工的 IAe 37。

空气进气口。从机身上下中心点到两侧翼尖，轮廓几乎完全由平直的线条构成，构成一个锐利的矛尖造型。飞机尾部安装有一副垂直尾翼，

动力系统为一台罗尔斯-罗伊斯公司的"德温特 V（Derwent V）"涡轮喷气发动机。

1954 年 10 月 1 日，无动力的 IAe 37 成功进

被牵引机拖曳升空的 IAe 37。

行滑翔试飞。1956 年，雷玛尔将 IAe 37 的飞行员座椅改为比较传统的坐式，机身上方安装一个突出的座舱盖。随后，阿根廷政府决定将该型号作为教练机发展，同时改进型 IAe 48 将在翼下配备两台大推力的"埃汶（Avon）"喷气式发动机，最大平飞速度有望达到音速的 2.2 倍。

型号	IAe 37	IAe 38
翼展	10.0 米	9.0 米
机翼后掠角	63.4 度	65 度
翼根相对厚度	10%	3%
机翼面积	48.0 平方米	50 平方米
驾驶舱宽度	1.0 米	1.2 米
驾驶舱高度	0.8 米	1.2 米
空重	1100 公斤	6000 公斤
有效载荷(飞行员)	100 公斤	200 公斤
燃料	—	10000 公斤
最大重量	1200 公斤	16800 公斤
翼载荷	2.5 公斤/平方米	345~156 公斤/平方米
着陆速度	72 公里/小时	155 公里/小时
最大允许速度	250 公里/小时	2.2 马赫

不过，由于阿根廷政府的内部变故，谭克博士的 IAe 33 和雷玛尔的 IAe 37/48 均没有得到量产的机会。昔日的 Fw 190 之父黯然离开阿根廷，前往印度进行下一番尝试。而雷玛尔继续留在阿根廷从事个人心爱的事业——各种飞翼机的研发，直至退休。

到了 1988 年，美国诺斯罗普公司的划时代的 B-2 隐形轰炸机公开亮相。一时间，世界范围内的航空杂志之上，"飞翼"和"隐身"两个新鲜名词光芒四射，吸引了无数军事爱好者的关注。至此，瓦尔特和雷玛尔的名字再次浮出水面……

IAe 48 模型，已经是一架常规布局的战斗机。

石破天惊的 B-2 隐形轰炸机，它的出现使霍顿兄弟成为聚光灯下的焦点。

第三篇 总 结

现阶段，Ho 229 V3 的机身中段结构存放在美国史密森学会（Smithsonian Institution）的国家航空航天博物馆（National Air and Space Museum）。在"后起之秀"B-2 轰炸机的映衬下，霍顿兄弟的 H IX/Ho 229 被后世媒体套上了种种耀眼的光环，令航空爱好者痴迷不已。对 Ho 229 的诸多头衔，以下篇幅将给与逐一分析。

"德国空军黑科技，划时代的飞翼战斗机"？

诚然，Ho 229 的外观轮廓极富未来感，远远超过同时代包括 Me 262 在内的所有战斗机。不过，飞机的真实性能并非一句流行的"漂亮的飞机就是好飞机"能够敲定的。有关 Ho 229 的性能诸元，有太多谜团需要澄清。

真实速度性能

在战后接受英军审讯时，雷玛尔声称 H IX/Ho 229 V2 原型机在坠毁前与 Me 262 进行过对比测试，"结果 H IX 的速度更快、机动性更强、爬升率更高、爬升角度更陡"。在 1983 年出版的《飞翼机》中，雷玛尔为 Ho 229 V2 原型机规划的最大平飞速度是 960 公里/小时。

基于这些"第一手数据"，现代主流的航空书刊/影视/游戏往往将 Ho 229 塑造为性能超越 Me 262 的德国空军新一代喷气式战斗机。

按照常规，新型飞机的试飞任务需要遵循严谨科学的流程。最初阶段的试飞目的是验证飞机基本的安全性和可操作性，对在试飞中暴露的设计缺陷及早进行局部修改和调整，再通过后续试飞进行反复检验、逐步迭代。在试飞未获得阶段性成果、性能包线未确定的前提下，如果贸然与其他飞机展开速度、机动性等对比

测试，这意味着整架飞机和飞行员都将面临着完全不可预估的未知风险。就这一点，任何一个飞机设计师都不愿意看到的。

在坠毁之前，Ho 229 V2 原型机仅进行过两次正式试飞，其过程均有现场人员的回忆和记录，没有任何涉及 Me 262 "对比测试"的内容。雷玛尔本人缺席该机的第二次试飞，他仅仅通过齐勒的电话报告了解到该机和 Me 262 的定性比较。因而，雷玛尔对外宣称的 Ho 229 性能仅仅是纸面上的设计指标。

有关两款飞机机动性对比。Ho 229 V2 原型机空重 4844 公斤，机翼面积 52.8 平方米；而 Me 262 A-1a 空重 4120 公斤，机翼面积 21.7 平方米。这两组数据意味着 Ho 229 V2 原型机的翼载荷不到后者的二分之一，盘旋性能的优势顺理成章。

有关两款飞机的速度对比。可以确认的是：试飞员齐勒没有宣称过 V2 原型机"速度更快"。实际上，1945 年 2 月首飞的 Ho 229 V2 与 1944 年 4 月交付部队的 Me 262 A-1a 相比，动力系统均为两台推力 900 公斤的 Jumo 004 B-1 发动机。两架飞机平飞速度的差异主要取决于气动外形。诚然，机翼和机身融为一体的飞翼机相比同级别飞机的阻力较小，但 Ho 229 的机翼面积比 Me 262 A-1a 增大接近 150%，这意味着飞机的寄生阻力有着同级别的提升。因而，在 Ho 229 的图纸阶段，从本质上便可定性推断该型号的速度不会高于 Me 262 A-1a。

Ho 229 V2 原型机的第二次试飞中，齐勒将发动机的推力提升至 70%，飞机达到 650 公里/小时的速度。作为对比，齐勒体验过的 Me 262 A-1a 在 2/3 推力的条件下，最大速度在 650 至 700 公里/小时之间，略快于 Ho 229。因而，齐勒推断推力全开的条件下，Ho 229 V2 原型机的最大平飞速度有望超过 800 公里/小时——略慢于

Me 262 A-1a 的 870 公里/小时。可以说，相较于雷玛尔的 960 公里/小时纸面数据，齐勒的推算值更接近事实。

有关两款飞机的爬升率对比。发动机推力相等的前提下，影响爬升率的最重要因素是飞机重量。Ho 229 V2 的结构重量和起飞重量均大于 Me 262 A-1a，因而不可能具备优于后者的爬升性能。

真实机体构造

在性能表现之外，飞机的内在结构同等重要。

Ho 229 V2 原型机的金属管构架机身中段结构实际上与 1934 年的 H II 别无二致，是雷玛尔多年的滑翔机手工制作经验之大成。和普遍采用金属框架、半硬壳蒙皮的"二战"战斗机相比，Ho 229 的内部结构复杂、难以调整。仅仅由于发动机尺寸规格的变动，Ho 229 团队便不得不一次次推倒重来，前后制造出总共五个版本的机身中段结构，这对于其他飞机厂商而言是难以想象的。显而易见的是，如果 Ho 229 发展出战斗机版本，需要在机身中段结构之内安装武器和更多设备，其改造工程量更为可观。

另外，框架式结构导致机身内部难以安装金属隔框，飞行员和两台喷气式发动机、错综复杂的燃料管路之间实际上缺乏有效遮挡，他的座椅距离发动机滑油箱只有咫尺之遥。一旦飞机在空战中被击中，各种金属残片、滚烫甚至燃烧的油料将会在机身内部飞溅，完全有可能直接威胁到飞行员的生命，其后果不言而喻。

最后，框架式结构导致 Ho 229 机身强度欠缺。为此，雷玛尔特别规定 V2 原型机试飞时发动机推力不能超过 75%。由于该型号过早夭折，雷玛尔已经无法推算需要将机身中段结构加强

到什么程度方能有效运作 100% 推力的喷气式发动机。值得重视的是，V2 原型机的失事从另一个角度反映出 Ho 229 机身中段结构的脆弱——飞机以 35 度角俯冲坠毁，而飞行员齐勒和两台发动机均脱离了机身中段结构的束缚，被齐齐甩出机身之外！

也许霍顿兄弟被德国飞机厂商视为"业余爱好者"，其原因不是自身文凭缺失，而是缺乏大规模流水线生产的经验，框架式结构的设计与现代战机相比格格不入。

哥达工厂在接手 Ho 229 生产后，一度尝试对该型号的内部结构进行针对性的大改。但是，这种新瓶装旧酒的改进工作同样消耗海量的研发工时，而第三帝国已经时日无多……

真实飞行品质

根据北大西洋公约组织标准化局（NATO Standardization Agency）的《北约术语条例（NATO Letter of Promulgation）》，"战斗机"的定义是：一种快速、灵活的固定翼飞机，用以执行对抗空中和地面目标的空中战术任务。

涉及战斗机的机动性和操控性等飞行品质，最适合 Ho 229 的参照对象便是 Me 163——霍顿兄弟眼中的导师兼竞争对手亚历山大·利皮施设计的无尾火箭截击机。

霍顿兄弟对于利皮施的作品一向给与负面评价。瓦尔特在战争结束后颇为自得地表示：

我想我们对 1940 年中的（飞机）设计产生的影响，比任何人都多，包括利皮施……利皮施没有造出任何一架滑翔机能飞得像我们的霍顿 H II 一样。他没有哪一架飞机能够做到这一点。看，他的 Me 163 不是一架飞翼机，因为它有着一个大机身……那是一个"动力蛋"！实际上，

它只是一款无尾机设计而已。不用说，在那个年代，我们的飞翼机设计是横空出世的……

实际上，站在利皮施的角度，不管无尾机还是飞翼机都仅仅是一种方案。飞行器设计本身没有什么金科玉律需要恪守，他本人更注重于飞行品质本身。为此，从 1929 年的"鹳 V"无尾飞机到 1943 年的 Me 163 B，利皮施所设计的飞机均为无尾布局，依靠垂直安定面保持航向稳定性。

然而，雷玛尔本人则是飞翼机理念的狂热信徒，一心要将自己绘图板上去除垂直尾翼和水平尾翼的纯正飞翼打造为最优秀的飞行器。他的技术人员就此回忆道："雷玛尔不能接受机翼上有任何突起……不管上表面还是下表面。"

因而，在 Ho 229 的研发阶段，即便 V1 原型机出现明显的"荷兰滚"现象，雷玛尔依然一厢情愿地坚持 Ho 229 仅凭阻力舵的调整就能成为合格的空中射击平台。

对于执意将航向稳定性缺失的 Ho 229 作为战斗/轰炸机项目研发的行为，德国滑翔机研究所的工程师费利克斯·克拉赫特（Felix Kracht）进行过猛烈的抨击：

几乎不管是什么东西，你都能让它们飞起来，但你需要考虑好部队服役的需求……为了实现准确的射击，尤其是配备重火力的时候，要是没有一个稳定的（射击）平台，你就不应该开始这个设计。

与之相对比，Me 163 的飞行品质在德国空军中赢得了良好的口碑。梅塞施密特博士曾经前往该战机的测试部队基地，观看指挥官沃尔夫冈·施佩特（Wolfgang Späte）上尉和约斯基·波赫斯（Joschi Pöhs）少尉进行射击测试。这两位

飞行员均为技艺精湛的 Bf 109 飞行员，分别取得超过 80 个和 40 个宣称击落战果。测试过程中，梅塞施密特博士颇为意外地看到 Me 163 的射击测试表现极为优秀，随后两位飞行员向他作出解释——Me 163 在所有的空速条件下均具备出类拔萃的锁定目标能力。

听到这一番话，梅塞施密特博士语气颇为矜持地发问："照这么说，Me 163 和 Me 109 比较起来怎么样？有没有那么好？"结果，施佩特上尉不假思索地回答"更好"，而波赫斯少尉立刻补上一句"好得多"！

作为德国空军的王牌飞行员，瓦尔特深知垂直安定面对于战斗机空中缠斗射击的重要性，以他的观点，理想中的喷气式战斗机便是配备垂直安定面的霍顿飞翼。为此，他作为团队领导人决定在后续测试中为 Ho 229 加装垂直尾翼，并延续这个思路向军方提交更多的无尾式战斗机方案。因而，在这个意义上，无论是唯一的 Ho 229 V2 喷气式原型机，还是哥达工厂的后续量产型，都仅仅是过渡方案，并非瓦尔特在战争末期设想中的终极战斗机。

战争结束后，雷玛尔前往阿根廷发展。他争取到继续制造飞翼滑翔机的机会，但主持研发的 IAe 37 喷气式战斗机却摒弃了多年一贯的飞翼机风格，安装上垂直尾翼后变为无尾三角翼飞机。可以说，该型号的开始意味着雷玛尔的纯飞翼战斗机理念走到了死胡同，以 20 世纪中叶的技术水平，垂直尾翼和方向舵对于战斗机来说不可或缺。事实上，即便历史的车轮继续向前推进 70 年，当代世界各国空军装备的战斗机均无一例外地配备垂直尾翼和方向舵。

航向稳定性的缺失不仅影响机炮的射击，更直接导致单发故障使 Ho 229 V2 原型机失事坠毁。从事航空器研究 40 余年的空气动力学专家、前诺斯罗普·格鲁曼航空航天系统公司工

程顾问 J·菲利普·巴恩斯（J. Philip Barnes）对 Ho 229 的控制面设计进行过分析，结果表明该型号的阻力舵无法平衡一台 Jumo 004 熄火引发的航向稳定性失衡，这正是 V2 原型机坠毁的根本原因。与之相比，梅塞施密特公司的 Me 262 同样采用双发设计，两台 Jumo 004 发动机距离机身中心线距离更远。在实战中，Me 262 飞行员多次遭遇单发熄火的事故，此时单台发动机导致的偏航力矩相比 Ho 229 更大，但飞行员均能依靠垂直安定面和方向舵的协助成功驾机降落。

在 Ho 229V2 原型机单发故障的条件下，即便艾尔温·齐勒——拥有超过 6000 小时飞行经验的老飞行员也无法驾驭。对于正常水平的飞行员而言，驾驶 Ho 229 必然意味着更高的危险系数。

实际上，不仅仅是 Ho 229 一个型号，对于所有"二战"飞行员而言，驾驭霍顿飞翼系列都需要比普通飞机更熟练的飞行技术。1943 年 4 月 14 日的飞翼机会议上，雷希林测试中心的战斗机试飞员博韦对霍顿飞翼系列的猛烈抨击便足以说明这一点。从始至终，能够熟练驾驭绝大部分霍顿飞翼系列的只有一个人，那就是前后跟随雷玛尔近 20 年的沙伊德豪尔。

与 Ho 229 乃至整个霍顿飞翼系列相反，德国空军飞行员对 Me 163 的操作手感均普遍表示好评。例如，年仅 17 岁的滑翔机飞行员约阿希姆·赫内（Joachim Höhne）二等兵经过短暂培训后加入 Me 163 部队，第一次升空他就极为兴奋地发现"'彗星'是一架灵巧的小飞机，对操纵杆和方向舵踏板上的任何一个轻微动作，它都能马上做出反应"，进而深深爱上这架"一半是天使、一半是魔鬼"的小飞机。

战争期间，作为霍顿兄弟团队的核心试飞员，沙伊德豪尔驾驶 Me 163 进行过体验性质的

滑翔飞行，深切感受到对这架无尾飞机的优异飞行品质——第一次升空飞行，他便放心大胆地进行多个横滚和筋斗机动！这次试飞过后，沙伊德豪尔便获得堪称举世无双的一个成就：同时体验过 Ho 229 和 Me 163 两款德国空军绝密战机的飞行员。

和平年代中，沙伊德豪尔接受了英国皇家空军官员的审讯。被问及 Me 163 和 Ho 229 V1 的飞行性能对比时，沙伊德豪尔显得颇为犹豫，闪烁其词地表示两架飞机尺寸有别、无法一概而论。不过，最后沙伊德豪尔终于坦率地承认他本人更喜欢 Me 163，因为它的机动性更优秀、操纵感受更愉悦，就像个"大玩具（spielzeug）"一样。

沙伊德豪尔的意见可以视为飞行员对两款飞机意见的总结，站在设计师的角度，威利·雷丁格的意见同样具有参考价值。他曾经在梅塞施密特公司从事利皮施的 Me 163 项目，随后加入霍顿兄弟团队担任 H IX/Ho 229 的制图员。在战争的最后几个月时间，雷丁格和霍顿兄弟的父母住在一起，由此可见瓦尔特和雷玛尔对其相当信任。对于两位总设计师的风格，雷丁格表示：

亚历山大·利皮施是比霍顿更好的设计师。利皮施花了 20 多年的时间在伦山/瓦瑟峰进行他的无尾飞机试验，拥有更多的航空领域知识和实际经验……

第二次世界大战结束后多年，霍顿兄弟的飞翼依然吸引着大量当代航空技术人员的关注。对于 Ho 229 作为喷气式战斗机的发展计划，也许最公正客观的评述来自史密森学会国家航空航天博物馆的航空专家罗素·李（Russell Lee）。在长达 15 年的时间里，李一直孜孜不倦地研究

存放在国家航空航天博物馆的 Ho 229 V3 原型机，探究考证霍顿兄弟投身飞翼机事业的来龙去脉。

最后，他的研究成果汇聚成《唯有机翼：雷玛尔·霍顿为稳定及控制飞翼机而展开的伟大探索(Only The Wing：Reimar Horten's Epic Quest to Stabilize and Control the All-Wing Aircraft)》一书，在史密森学会的学术出版社发行。书中，罗素·李对多年以来 Ho 229 飞翼战斗机的幻想进行了简明扼要的总结：

　　如果战争继续下去，后续更多的测试将揭示霍顿兄弟的喷气式飞翼是一个富于创新性但却存在严重缺陷的设计，因为它缺乏足够的航向稳定性。作为一款配备加农炮的战斗机，它命中注定会失败。

"隐身飞机鼻祖"？

Ho 229 的隐身性能传说，始于 1950 年雷玛尔在阿根廷航空杂志上发表的一篇文章《飞翼战斗机霍顿 IX(Ala Volante Caza"Horten IX")》。雷玛尔首先列举他预设的 H IX 的速度、爬升、转弯性能数据，说明该型号作为喷气式战斗机的性能，随后抛出一枚重磅炸弹，表示雷达无法探测到 H IX："这是因为电磁波在金属表面上的反射较强，不过在木头表面上反射较弱，在雷达屏幕上几乎看不到。"

1983 年，在雷玛尔战后的个人自传《飞翼机》中，雷玛尔表示他计划在 H IX/Ho 229 的前缘木质蒙皮中添加一层锯末、碳粉和胶水构成的三明治式混合物，以保护"整架飞机"免遭雷达探测。根据雷玛尔的解释："碳粉可以吸收电磁波。因而在这一层防护罩之下，钢管框架机身和发动机就是(对雷达)'隐身'的。"

之后，Ho 229 在各路媒体的推波助澜之下被套上"隐身飞机鼻祖"的桂冠，时至今日仍光芒四射。

实际上，只要根据 H X/Ho 229 的历史源流进行定性分析，我们会发现雷玛尔的以上宣称并非事实。

首先，H X/Ho 229 的起源是瓦尔特在不列颠之战期间的高性能飞翼战斗机构思，其作战目标是以"喷火"为代表的盟军战斗机。从英吉利海峡上空的恶斗一直到十年后朝鲜半岛上的喷气机对决，空战的方式一直没有变化：战斗机飞行员目视搜索目标，通过光学或者陀螺瞄准具锁定敌机，随后扣动扳机打响机关枪/加农炮。战斗机之间的空中优势作战还远远没有进化到雷达时代，因而在 H X/Ho 229 项目开始时，霍顿兄弟不会存在任何展开隐身设计的原始动机。

其次，H X/Ho 229 采用木质机翼，这正是霍顿兄弟十多年滑翔机研发经验的积累。即便有机会选择其他材料，雷玛尔依然会坚持这一系列起源于 1935 年 H II 的设计，正如雷玛尔自己承认的那样：

　　我们的工人没有金属加工技能……(我们)制造一副金属机翼和一副木质机翼的速度比大约是 1 比 10……因而，从第一天开始，H IX 的(机翼)设计就是木头。

最后，第二次世界大战结束后，为引起盟军的重视，以便在欧美航空业界中谋取理想的职位，雷玛尔将多年以来的研发成果毫无保留地和盘托出——从 H I 到 H XIV，所有飞机的项目背景、研发思路、技术运用、设计图纸、实拍照片、性能参数均不一而足。然而，其中唯独缺乏任何"隐身设计"的陈述。

为真实验证 Ho 229 的隐身性能，2010 年，美国诺斯罗普-格鲁曼公司两名工程师托马斯·L. 多布伦茨（Thomas L. Dobrenz）和阿尔多·斯帕多尼（Aldo Spadoni）与一家纪录片公司携手合作，前往国家航空航天博物馆对 Ho 229 V3 原型机进行实地测量。

在 V3 原型机前缘构成蒙皮的胶合板之间，团队成员发现黏合剂之中存在一种黑色的粉末状材料，判断类似雷玛尔所声称的碳粉或者木炭。随后，诺斯罗普-格鲁曼团队使用现代的电磁传感器测试这部分蒙皮对电磁波的反射能力。试验表明，该部分蒙皮的电磁回波损耗与胶合板大体相当，区别只有较短的频宽等特性。换而言之，如果以吸波材料的标准来衡量，其性能较差。

接下来，团队成员基于 V3 原型机的仿真 CAD 模型，使用胶合板和有机玻璃制作一副全尺寸的 Ho 229 V3 原型机模型，其内部钢管框架结构使用导电涂层进行近似模拟。该模型被运往诺斯罗普-格鲁曼公司，在泰昂（Tejon）雷达隐身特性测试场展开全面的测试。

测试结果表明，由于 Ho 229 V3 原型机摒弃了垂直尾翼和水平尾翼，其纯飞翼布局具备较小的雷达横截面。相比普通飞机，雷达对 Ho 229 V3 原型机的探测距离降低了 17% 至 20%。这个数值可以视为纯飞翼机在隐身性能上的先天优势。

随后，诺斯罗普-格鲁曼团队的这份研究成果整理成论文《Ho 229 V3 飞机的航空考证》，在美国航天航空学会（American Institute of Aeronautics and Astronautics，缩写 AIAA）发表。

2014 年，美国文物保护协会（American Institute for Conservation of Historic and Artistic Works）的研究团队继续探究 Ho 229 V3 原型机的"隐身材料"谜团。技术人员提取 V3 原型机各部分的材料样本，通过各种设备进行检验。

以宏观的角度进行定性分析：如果在 V3 原型机胶合板之间存在一层明显可见的木炭聚合层，能对雷达波反射产生影响，那么可以认定设计人员在该机之上致力于隐身材料的应用。然而，检验结果表明，V3 原型机的多层胶合板之间只有黏合剂的存在。

专家对黏合剂进行更深一步的分析，和四年前的诺斯罗普-格鲁曼团队一样发现其中混合有一定数量的可疑黑色颗粒。在高倍显微镜下，这些黑色颗粒的尺寸从 1 微米到 436 微米不等，大小和形状极不规律，不少颗粒的边缘泛出红色、蓝色和灰色的光泽，缺乏明显的碳颗粒特征。红外光谱分析表明，这些颗粒更有可能是被氧化的古旧木屑。

美国文物保护协会的研究完成后，团队将结果整理成论文《霍顿 Ho 229 V3 蝙蝠翼飞行器技术研究》发表。

对于这两篇论文，史密森学会在自己的官方网站上给予报道，并在页面最后进行总结："我们上文提及的技术研究没有发现霍顿喷气机中存在碳粉或木炭材料的证据。"

"二战最先进的 3×1000 轰炸机，美国 B-2 隐形轰炸机前身"？

"二战"结束后数十年，各种"美军掳掠纳粹德国黑科技"的都市传说一直在娱乐媒体中大行其道。1988 年美国诺斯罗普公司的 B-2 隐形轰炸机面世后，不负责任的媒体工作者们更是为其贴上"霍顿 Ho 229 技术"的标签，遗毒至今。

事实上，诺斯罗普公司的灵魂人物——杰克·诺斯罗普和雷玛尔一样，也是一名飞翼机理念的狂热信徒，穷其一生的激情进行飞翼机的探索和研究。和雷玛尔的区别在于，诺斯罗普起步更早、步伐更稳健。

1927年，也就是瓦尔特和雷玛尔加入下莱茵飞行俱乐部学习滑翔机知识的那一年，诺斯罗普已经担任老牌飞机厂商洛克希德公司的总设计师，并研发成功运用各种先进技术、创造一系列世界纪录的商业客机"织女星（Vega）"。1929年，诺斯罗普成功试飞自己的"飞翼"机，其驾驶舱、机身和机翼完全融为一体，不过依然保留有两副尾撑和尾翼，因而可以算是一种半飞翼。

自立门户之后，诺斯罗普在积累飞翼机经验的同时积极推进其他常规飞机的项目，通过一个又一个商业合同壮大自己的实力。在第二次世界大战期间，诺斯罗普的A-17攻击机和P-61"黑寡妇"夜间战斗机都是具有相当影响力的战机。

1940年，诺斯罗普完成N-1M号机的首飞。该型号是诺斯罗普公司、也是美国真正意义上的第一架飞翼机，配备两台65马力活塞发动机，构型和霍顿兄弟同期的H Vc极为相似。第二年，美国陆军航空军发起一场远程重型轰炸机竞标，凭借N-1M号机的成功经验，诺斯罗普公司的XB-35型飞翼轰炸机打动了军方，与康维尔公司的XB-36轰炸机成为竞标的胜出者。

为降低技术风险，诺斯罗普首先研发XB-35的1:3等比验证机N-9M，并于1942年底成功首飞。该机同样配备两台活塞发动机，其尺寸和规格与同期绘图板上的H VII堪称大同小异。

诺斯罗普公司的XB-35是一款尺寸惊人的重型轰炸机，翼展超过50米、配备4台R-4360发动机。该机最大起飞重量接近100吨，载弹量7吨，最大平飞速度超过660公里/小时，航程超过12000公里。由于技术风险太高，项目进度落后于战局的发展，诺斯罗普公司最终只收到12架"服役测试"型YB-35的订单。

第一架YB-35在1946年6月25日成功试飞。随后，诺斯罗普公司将动力系统升级为8台J35涡轮喷气发动机，改进出新型号YB-49。1947年10月21日，第一架YB-49首飞成功，其4.5吨载弹量和2600公里作战半径距离戈林的"美洲轰炸机"计划已经相当接近。

无可否认的事实是，数十年后B-2隐形轰炸机项目最重要的技术基础正是XB-35/YB-49这两个里程碑式的型号——诺斯罗普毕生心血结晶。但是，仅仅因为诺斯罗普公司在YB-49成功试飞后第二天获得若干霍顿滑翔机进行研究这段插曲，"诺斯罗普公司继承纳粹德国Ho 229技术研发B-2隐形轰炸机"的话被不负责任的作者臆造出来，通过各种八卦娱乐媒体遗毒至今。

毫无疑问，雷玛尔和诺斯罗普都是杰出的飞机设计师。站在雷玛尔的角度，自己设计出世界上第一款喷气式飞翼机，而对方拥有自己的大型企业，并设计出第一款喷气式飞翼轰炸机。就飞翼机领域的成就而言，两个人起码是旗鼓相当的。战后，雷玛尔是这样评论诺斯罗普的："他的开始和我一样。我很肯定他从小飞机开始，再逐步制造大飞机，（和我的）区别只是他有更多的人、更大的可能性。而且他有着自己的工厂，所以他能够掌控整个项目……"

提及诺斯罗普的两款飞翼轰炸机时，雷玛尔不无羡慕地表示："我看到诺斯罗普XB-35的翼型，和我在H VII上使用基本一样……我知道这架轰炸机在襟副翼的位置可以展开，它能够产生阻力充当阻力舵的作用。这也是我在'抛物线'上使用的技术。不过，在开发过程中将这些技术综合起来，那就是一项复杂的任务，我看到诺斯罗普就这样成功制造出了一架伟大的飞机（XB-35），那么他一定找到了解决方案。这是一架真正的飞翼机，真可惜它没有能够进入批量生产阶段。哦，YB-49 让我印象深刻，真是可惜它们全部被下令拆毁了。多么可惜！看起来，诺斯罗普在空气进气口的造型和尺寸上的研究比我深入。"

的确如此，在 XB-35 改装为 YB-49 后，机翼前缘增设的空气进气口对流经的机翼气流造成相当程度的干扰，以至于降低飞机稳定性。为此，诺斯罗普不得不为飞机增加若干垂直尾翼以进行修正，由此一点一滴地积累大型高速飞翼机设计的经验。与之对比，雷玛尔的 Ho 229 V2 原型机过早夭折，未能在有限次数的试飞中体现出这一特性，后续的探索也就无从谈起。

倘若第三帝国能够苟延残喘，雷玛尔有没有可能获得与诺斯罗普相当的资源，将 Ho 229 优化为一款堪用的轰炸机——戈林设想中的"3×1000 轰炸机"？

就这一点，2010 年的诺斯罗普-格鲁曼团队进行过一系列推算。根据该团队的研究成果，雷达对 Ho 229 V3 原型机的探测距离相比普通飞机有 17% 至 20% 的下降。再加上喷气式动力的高速性能优势，Ho 229 执行轰炸任务相比普通飞机具备突出的优势。以英国的"本土链（Chain Home）"雷达为标准，诺斯罗普-格鲁曼团队首先推算不同类型雷达对普通飞机和霍顿飞翼的探测距离。

基于以上探测距离，进一步推算出飞机被雷达发现后突进到目标区（假定在雷达位置）的突防时间。

根据以上数据，诺斯罗普-格鲁曼团队认为，要拦截 Ho 229 轰炸机，盟军获得的预警时间只有普通轰炸机来袭时的一半不到，隐身效果与高速性能的结合堪称效果惊人。

实际上，诺斯罗普-格鲁曼团队忽略了一个事实：Ho 229 没有内置弹舱，只能外挂炸弹执行轰炸任务。外挂炸弹必然增大 Ho 229 的雷达反射面积，其飞翼机相对普通飞机的隐形性能优势将受到一定的影响。

其次，相当重要的一点是：Ho 229 的速度远远没有达到 1000 公里/小时的级别，该团队测试的 Ho 229 V3 原型机实际上并未完工，唯一接近现实的型号只有 Ho 229 V2 原型机。根据该机的试飞结果推算，其最大速度仅有 800 公里/小时，低于同样采用两台 Jumo 004 发动机的 Me 262。

探测距离	对普通飞机	对霍顿飞翼机
低空本土链雷达	100~110 英里	80~90 英里
11 型低空本土链雷达	60 英里	50 英里
超低空本土链雷达	30 英里	24 英里

突防时间	对普通飞机 （时速 500 公里）	对普通飞机 （时速 1000 公里）	对霍顿飞翼机 （时速 1000 公里）
低空本土链雷达	19 分钟	10 分钟	8 分钟
11 型低空本土链雷达	12 分钟	6 分钟	5 分钟
超低空本土链雷达	6 分钟	3 分钟	2.5 分钟

更进一步，外挂的炸弹必将提升气动阻力、影响 Ho 229 的飞行速度。无独有偶，Me 262 战斗机同样衍生出外挂炸弹的 Me 262 A-1a 战斗轰炸机，根据部队的实战数据：要在空气密度较大、飞行速度较慢的 3000 米低空执行轰炸任务，Me 262 A-1a 战斗轰炸机挂载炸弹后速度下降 90 公里/小时，从该高度的 760 公里/小时极速下降到 670 公里/小时。

根据此数据推算，如果 Ho 229 V2 在同等条件下外挂炸弹升空作战，其最大平飞速度将进一步下降到 620～50 公里/小时的量级。在这一高度，美军 P-51D"野马"战斗机的最大平飞速度为 660 公里/小时左右，能对 Ho 229 造成严重威胁。

诺斯罗普-格鲁曼团队没有涉及的另一个重要性能因素是飞机的航程。早期涡轮喷气发动机的一个突出特点是耗油率惊人：Me 262 A-1a 战斗机装备两台 Jumo 004 发动机、配备 2100 升燃油，在空气稀薄的 9000 米高度的最大航程为 710 公里。

Ho 229 V2 原型机同样采用两台 Jumo 004 发动机，配备的燃油容量为 2000 升。考虑到飞机原始气动外形阻力增大、挂载炸弹进一步降低速度的两大因素，在低空执行轰炸任务的 Ho 229 的航程将受到严重影响，最大航程将下降至 600～640 公里区间。据此推断，该机的轰炸任务作战半径将不超过 300 公里，这一数据逊色于 Me 262 A-1a 战斗轰炸机的实战表现。

如减少载弹量、增设外挂架，Ho 229 可以借助外挂副油箱获得额外的燃油容量。考虑到结构更动、管线增加的因素，飞机将载弹量从 2000 公斤减少至 1000 公斤，增加的燃油容量在 1000 升左右，即提升 50%。这意味着该配置的 Ho 229 的最大航程低于 1000 公里，作战半径不超过 450 公里，其成效乏善可陈，且调整工作

量巨大，因而完全是一个不可能的任务。

综上所述，即便 Ho 229 得到足够的条件优化设计，实现雷玛尔最初制定的载弹量目标，戈林也无法获得他梦想中的"挂载 1000 公斤载荷，以 1000 公里/小时的速度飞行 1000 公里深入敌军领土"轰炸机，摆在他面前的将是一架"挂载 2000 公斤载荷，以 630 公里/小时的速度飞行最多 300 公里深入敌军领土"轰炸机。

这便是 Ho 229"3×1000 轰炸机"的真实性能上限。

总结

Ho 229 绝非横空出世的"纳粹德国黑科技"，但霍顿兄弟的成就依然令人敬佩。两兄弟制造出世界上第一架纯飞翼滑翔机 H I 时，瓦尔特只有 20 岁，雷玛尔只有 18 岁。在这之后，H V 是世界上第一架纯复合材料飞机，而 H IX/Ho 229 则是世界上第一架喷气式飞翼机。在人类航空史之中，瓦尔特和雷玛尔携手写下了不可磨灭的一页篇章。

复盘霍顿兄弟在飞翼机领域的探索历程，我们可以总结出成功的几个关键要素：

霍顿家庭的资源与支持。由于家境富裕，霍顿兄弟能够从零花钱中凑出相当于普通工人 10 个月工资的费用建造 H I 滑翔机。仅此一点，已经足以让绝大多数青少年航空爱好者望尘莫及。在雷玛尔沉迷飞机制造导致成绩下降被迫留级时，在 H II 的研发需要更多的资金投入时，是霍顿爸爸给与儿子无尽的鼓励和援助。可以说，家庭是霍顿兄弟前进道路上不可或缺的第一块铺路石。

雷玛尔的天赋与执着。以中学生的数学功底，雷玛尔能够学习吸收航空先驱的理论知识，并应用到自己的飞翼机研发之上，其天生资质

绝非一般航空爱好者可比。确立飞翼机研发的志向之后，雷玛尔毫无保留地为其倾注了二十余年的青春和热血。作为霍顿飞翼机系列的总设计师，雷玛尔居功至伟。

瓦尔特的格局与领导。雷玛尔是一名滑翔机爱好者，如果没有瓦尔特的影响，他极大几率沿着 H I 到 H IV 的道路继续研发各种高性能飞翼滑翔机，全身心地沉浸在伦山滑翔机大赛中。作为战斗机王牌，瓦尔特早早定下高性能飞翼战斗机的目标。作为德国空军的特权军官，瓦尔特设法获取发动机厂商的绝密材料，规划出喷气式 H IX 项目。作为在军方高层拥有广泛人脉、熟知官僚机构运作流程的团队领导，瓦尔特利用职权便利和人际关系为雷玛尔争取到所需的场地、人员及物资，并保护团队免受外界的干扰，研发工作能够秘密进行。最后，在戈林发布"3×1000 轰炸机"规格时，瓦尔特明智地抓住这个机会，违规的秘密 H IX 项目得以策名就列，转正为军方的 Ho 229。

可以说，以上三个要素缺失任何一个，Ho 229 V2 原型机均不可能在 1945 年 2 月 2 日首飞成功。

站在当代的角度，还原 Ho 229 的真实本质之后，我们发现它的理念依然远超时代。容克斯以及完美主义的航空先驱们所指引的方向没有错，飞翼机的确是未来的飞机。然而，基于第二次世界大战的技术水平，完全摒弃垂直安定面、仅凭一对翅膀和鸟儿一样灵活飞行的飞机是不现实的。究其原因，无尾飞机大师利皮施在他的个人回忆录《三角翼发展史（Die Entwicklung der Delta）》中一语道破："绝大多数鸟类没有垂直尾翼，飞行时翅膀通常处在不稳定的状态，频繁进行调整。"

经过亿万年的进化和演变，在天空中飞翔的鸟类躯干之内是轻巧坚固的骨骼，纤细而又强健的肌肉控制着羽毛的精密运动，这一切通过丰富的神经系统链接到大脑。飞行过程中，掠过羽毛的气流发生细微的变化，神经系统均能将其即刻传输到鸟类的大脑，与生俱来的本能将在最短时间作出反应，控制骨骼和肌肉、调节翅膀及羽毛的角度加以调整，使其保持在最高效、最节省能量的飞行状态。

人类只是直立行走的智能生物，缺乏鸟类与生俱来的生理机能优势。人类的"飞行"意味着驾驶数千甚至上万公斤重量的飞机离地升空，在封闭的驾驶舱内通过个人感知以及飞机仪表来判定外部气流以及自身飞行姿态的变化，再调节操纵杆和脚蹬，经由一系列中转构件调节外部的控制面，其反应速度与鸟类相比全然是云泥之别。因而，以第二次世界大战的技术水准，常规布局飞机向飞翼机的演变便等同于控制面的减少，无可避免地削弱飞行员对飞机的整体操控能力。

幸运的是，随着时代的进步，电子计算机等先进科技越来越多地应用在现代飞机之上，智能设备对飞行姿态的动态感知和控制极大减轻了飞行员的工作压力。从 B-2 隐形轰炸机开始，越来越多的实用飞翼机从绘图板上转化为现实。飞翼机的朝阳正从地平线的尽头冉冉升起，那正是飞翼机先驱们，包括胡戈·容克斯、杰克·诺斯罗普和霍顿兄弟所企盼的美好未来。